# Schnelleinführung Elektrotechnik

Leonhard Stiny

# Schnelleinführung Elektrotechnik

Zusammenfassung zur Vorbereitung auf
eine Prüfung in Elektrotechnik

Leonhard Stiny
Haag an der Amper, Deutschland

ISBN 978-3-658-28966-9      ISBN 978-3-658-28967-6   (eBook)
https://doi.org/10.1007/978-3-658-28967-6

Die Deutsche Nationalbibliothek verzeichnet diese Publikation in der Deutschen Nationalbibliografie; detaillierte bibliografische Daten sind im Internet über http://dnb.d-nb.de abrufbar.

Planung/Lektorat: Reinhard Dapper
Springer Vieweg ist ein Imprint der eingetragenen Gesellschaft Springer Fachmedien Wiesbaden GmbH und ist ein Teil von Springer Nature.
Die Anschrift der Gesellschaft ist: Abraham-Lincoln-Str. 46, 65189 Wiesbaden, Germany

# Vorwort

Das Fach Elektrotechnik ist in einem naturwissenschaftlichen Studium oft gefürchtet, und manchmal mehr als unbeliebt. Wie oft habe ich in einer meiner Vorlesungen über Elektrotechnik und Elektronik z. B. von Studierenden des Maschinenbaus oder benachbarter Studiengänge den Satz gehört: „Eigentlich wollte ich nicht Elektrotechnik studieren."

Tatsache ist aber, dass in sehr vielen Studiengängen eine Vorlesung zu den Grundlagen der Elektrotechnik und Elektronik ein Bestandteil des Studiums in den ersten Semestern ist. Die Prüfung in diesem Fach entscheidet oft über den weiteren Studienverlauf.

Steht man kurz vor einer Prüfung in Elektrotechnik, so hat man zu wenig Zeit, um umfangreiche Literatur mit einigen hundert Seiten im Detail durcharbeiten zu können. Die Vorlesungen wurden besucht, das Meiste des gehörten Stoffes ist verstanden. Was fehlt, ist eine kompakte Darstellung der wichtigsten Felder der Elektrotechnik, um den Stoff zu wiederholen. Natürlich sollte auch das Vorlesungsskriptum zur Prüfungsvorbereitung dienen. Eine alternative, knappe und damit zeitsparende Abhandlung des Stoffes hilft aber, aufbauend auf einer Vorlesung zur Elektrotechnik, den Stoff zu rekapitulieren und zu festigen. Durch die zeitsparende Vorgehensweise ergibt sich ein vertieftes Verständnis.

Mit geringem Zeitaufwand ist dieses Buch auch für ein Selbststudium geeignet. Für die Vorbereitung auf eine Prüfung als Meister oder Techniker der Fachrichtung Elektrotechnik ist das Werk ebenfalls geeignet. Vorausgesetzt wird ein Schulabschluss ähnlich dem Abitur an einem mathematisch naturwissenschaftlichen Gymnasium.

Hervorgegangen ist dieses Werk aus einem Skriptum zu einer Vorlesung der Elektrotechnik mit ca. der halben Seitenzahl. Nach dem Durcharbeiten des Buches sollten die Grundlagen dieses Faches so gefestigt sein, dass einem Einüben mittels geeigneter Beispielaufgaben mit Lösungen nichts im Wege steht. Erwähnt sei hier mein Werk „Aufgabensammlung zur Elektrotechnik und Elektronik", 3. Aufl., Springer-Verlag 2017.

Haag an der Amper                          Leonhard Stiny
Juli 2019

# Inhaltsverzeichnis

# Grundbegriffe der Elektrotechnik

## 1.1 Physikalische Größen und Einheiten

Gesetzmäßigkeiten in der Physik werden durch den Zusammenhang physikalischer Größen untereinander bzw. durch deren gegenseitige Abhängigkeiten beschrieben.

Eine physikalische Größe ist das Produkt aus Zahlenwert und Einheit:

$$\underline{\text{Physikalische Größe} = \text{Zahl} \cdot \text{Einheit}} \tag{1.1}$$

Für physikalische Größen *und* für ihre Einheiten verwendet man *Symbole* als Abkürzungen.

Abkürzungen für physikalische Größen werden **Formelzeichen** genannt.

Abkürzungen für Einheiten heißen **Einheitenzeichen**.

Beispiel: $U = 25\,\text{V}$

$U$ ist das Formelzeichen für die elektrische Spannung, V ist das Einheitenzeichen für Volt.

Zwischen Zahl und Einheitenzeichen steht ein **Leerzeichen** (Ausnahmen: °, ′ und ″).

In gedruckten (schriftlichen) Darstellungen gilt:

- Variable Größen werden *kursiv* geschrieben.
- Zahlen, Konstanten, definierte mathematische Funktionen und Einheitenzeichen werden nicht kursiv, sondern aufrecht geschrieben.

Beispiele: $R = U/I$, 200 m, $f(x) = \sin(x)$, 50 mA.

Formelzeichen und Einheitenzeichen können bei unterschiedlicher Bedeutung gleich sein. Unterschiedlich ist nur die kursive oder aufrechte Schreibweise.

Beispiel: $C$ ist als Formelzeichen die Kapazität eines Kondensators, als Einheitenzeichen ist C die Abkürzung für Coulomb.

© Springer Fachmedien Wiesbaden GmbH, ein Teil von Springer Nature 2021
L. Stiny, *Schnelleinführung Elektrotechnik*, https://doi.org/10.1007/978-3-658-28967-6_1

Sehr häufig wird verwendet:

$$\underline{\underline{[\text{Formelzeichen}] = \text{Einheit}}} \tag{1.2}$$

Beispiel: $[P] = \text{W}$ (Watt) wird gelesen: Die Einheit der Wirkleistung ist Watt. Falsch ist: $P[\text{W}]$.

Ein häufiger Fehler ist, dass statt „Einheit" der Begriff „Dimension" verwendet wird. Die Dimension gibt die Beziehung einer Größe zu den Grundgrößen des Maßsystems an. Für einen physikalischen Wert ohne Einheit (z. B. der Wirkungsgrad oder eine Verhältniszahl) muss es somit „einheitenlos" und nicht „dimensionslos" heißen.

## 1.2 Gleichungen

Zwischen den einzelnen physikalischen Größen werden Zusammenhänge durch Gleichungen hergestellt. Ist eine Gleichung nach einer Größe aufgelöst, so stellt sie oft eine *Formel* dar, mit der ein Wert einer Größe in Abhängigkeit von anderen Größen und/oder Konstanten berechnet werden kann.

### 1.2.1 Größengleichungen

In den meisten physikalischen Berechnungen werden Größengleichungen verwendet. In einer Größengleichung steht jedes Formelzeichen für eine physikalische Größe. *Die Einheit des Ergebnisses ergibt sich automatisch aus den eingesetzten Einheiten.*

In grafischen Darstellungen werden die Achsen des Koordinatensystems manchmal mit *zugeschnittenen Größengleichungen* beschriftet. Ist z. B. die Ordinate mit $\frac{I}{\text{mA}}$ und die Abszisse mit $\frac{U}{\mu\text{V}}$ beschriftet, so wird auf der Ordinate der Strom in Milliampere und auf der Abszisse die Spannung in Mikrovolt aufgetragen.

### 1.2.2 Zahlenwertgleichungen

Zahlenwertgleichungen werden manchmal als Faustformel verwendet, um eine Größe schnell abschätzen zu können. Die einzelnen Größen müssen in vorgegebenen Einheiten eingesetzt werden, damit sich das Ergebnis in einer festgelegten Einheit ergibt.

Beispiel: $Z = 2 \cdot \pi \cdot f \cdot L$; $f$ in GHz, $L$ in $\mu$H, Ergebnis $Z$ in $k\Omega$.

### 1.2.3 Einheitengleichungen

Werden Einheitenzeichen in eine Formel eingesetzt und wird nur mit den Einheiten gerechnet, so kann man überprüfen, ob ein Rechenergebnis die korrekte Einheit hat, oder ob z. B. bei algebraischen Umformungen im Laufe des Rechenverfahrens Fehler gemacht wurden.

## 1.3    SI-System

Das SI-System ist ein internationales Einheitensystem. Es besteht aus **sieben Basisgrößen** und aus daraus *abgeleiteten* Größen.

Die Basisgrößen mit den Basiseinheiten in Klammern sind:

Zeit (Sekunde $=$ s), Weg (Meter $=$ m), Masse (Kilogramm $=$ kg), Stromstärke (Ampere $=$ A)

Temperatur (Kelvin $=$ K), Lichtstärke (Candela $=$ cd), Stoffmenge (Mol $=$ mol).

Für die Elektrotechnik (ohne Optik) sind nur die ersten fünf Basiseinheiten wichtig: s, m, kg, A, K.

Aus den sieben Basiseinheiten können alle anderen physikalischen Einheiten abgeleitet werden. Manche abgeleiteten Einheiten sind nach berühmten Physikern bzw. Forschern benannt, es sind dann *Namenseinheiten*.

Beispiele: Kraft $F$ in Newton (N $= \frac{\text{kg} \cdot \text{m}}{\text{s}^2}$), Spannung $U$ in Volt (V $= \frac{\text{kg} \cdot \text{m}^2}{\text{A} \cdot \text{s}^3}$).

Die gängigen elektrischen Einheiten brauchen normalerweise *nicht* in Basiseinheiten umgerechnet werden, damit sich die Einheiten durch algebraische Umformungen von Gleichungen und Auflösen nach einer gesuchten Größe herauskürzen lassen. Die Größen Ohm ($\Omega = \text{V}/\text{A}$), Volt (V) und Watt (W $=$ V $\cdot$ A) lassen sich praktisch immer in ihrer Grundform kürzen. Folgende Größen sollten allerdings in den angegebenen Einheiten eingesetzt werden, damit sie sich herauskürzen lassen:

Coulomb (C $=$ A $\cdot$ s), Weber (Wb $=$ V $\cdot$ s), Tesla (T $= \frac{\text{V} \cdot \text{s}}{\text{m}^2}$). Wichtig sind vor allem:

$$\underline{\underline{\text{H} = \Omega \cdot \text{s}}} \text{ (Henry)} \tag{1.3}$$

$$\underline{\underline{\text{F} = \frac{\text{s}}{\Omega}}} \text{ (Farad)} \tag{1.4}$$

## 1.4    Zahlendarstellung

Zahlenwerte können angegeben werden als

- Dezimalbruch,
- Zahlenwert (Mantisse) mit Exponent zur Basis 10,
- Vorsätze (Präfixe) für Zehnerpotenzen.

Beispiel: 0,003 A $=$ 3 $\cdot$ $10^{-3}$ A $=$ 3 mA.

In Rechnungen sollte sofort die Exponentialdarstellung gewählt werden, die in Formeln leicht zu bearbeiten ist und mit der sehr kleine und sehr große Zahlen darstellbar sind. Präfixe werden zwar häufig in Aufgabenstellungen verwendet (deshalb muss man sie wissen!), sind aber in Formeln unbrauchbar.

Präfixe werden hier als bekannt vorausgesetzt.

Für den Bereich > 1 sind die Bezeichnungen
Mega (Million, $10^6$) und
Giga (Milliarde, $10^9$) meist bekannt.
Für den Bereich < 1 sind die Bezeichnungen
Mikro (Millionstel, $10^{-6}$),
Nano (Milliardstel, $10^{-9}$) und
Piko (Billionstel, $10^{-12}$)

wichtig, sie sind weniger bekannt und werden oft verwechselt.

Eine Empfehlung: Man sollte für die Zahlendarstellung die technische Notation benutzen, bei der als Exponenten nur ganzzahlige Vielfache von 3 verwendet werden. Man verbindet dann mit dieser Notation gleich eine Größenordnung durch Präfixe, welche ja auch Potenzen von $10^3$ entsprechen.

Beispiel: Gegeben sind $10 \, \mu A$. In eine Formel sollte man jetzt *nicht* (die im Kopf umgerechnete) Größe $10^{-5} \, A$ einsetzen, sondern $10 \cdot 10^{-6} \, A$.

## 1.5   Griechisches Alphabet

Die Groß- und Kleinbuchstaben des griechischen Alphabets werden in der Elektrotechnik und Elektronik häufig verwendet. Sie werden hier als bekannt vorausgesetzt.

## 1.6   Skalare und vektorielle Größen

Es gibt Skalare und Vektoren. Eine *skalare* Größe wird eindeutig durch eine einzige (reelle) *Zahl* beschrieben, zu der evtl. eine Einheit gehört. Ein skalarer Wert hat *keine* Richtung. Skalare können durch die allgemein bekannten bekannten Rechenregeln miteinander verknüpft werden.

Beispiele skalarer Größen sind: Temperatur ($\vartheta$), Länge ($l$ oder $s$), Fläche ($A$), Masse ($m$).

Eine *vektorielle* Größe *hat* eine *Richtung,* sie wird durch einen Vektor beschrieben. Ein Vektor wird durch seinen *Betrag,* seine *Richtung* und seinen Richtungssinn festgelegt. Ein Vektor kann geometrisch anschaulich durch eine gerichtete Strecke (einen Pfeil) mit einer bestimmten Länge in einer Ebene oder im Raum dargestellt werden. Die Länge der Strecke (ein Zahlenwert, ein Skalar) heißt *Betrag* des Vektors (oder *Norm*).

Durch *Betrag und Richtung* ist eine vektorielle Größe eindeutig definiert. Vektoren haben einen Pfeil über dem Formelzeichen, z. B. ist $\vec{F}$ ein Kraftvektor. Der Betrag des Vektors ist ein Skalar: $\left|\vec{F}\right| = F$.

Beispiele vektorieller Größen sind: Kraft $\vec{F}$, Geschwindigkeit $\vec{v}$, elektrische $\vec{E}$ und magnetische $\vec{H}$ Feldstärke.

Das Rechnen mit Vektoren wird hier als bekannt vorausgesetzt. Kurz wiederholt werden nur zwei spezielle Produkte von Vektoren, das *Skalarprodukt* und das *Vektorprodukt*.

## Skalarprodukt

Das *Skalarprodukt von zwei Vektoren ist ein Skalar* (eine Zahl).

$$\vec{a} \bullet \vec{b} = a \cdot b \cdot \cos(\alpha) = c \text{ mit } \alpha = \angle\left(\vec{a}, \vec{b}\right) \tag{1.5}$$

Aus den kartesischen Komponenten der beiden Vektoren $\vec{a} = \begin{pmatrix} a_x \\ a_y \end{pmatrix}$ und $\vec{b} = \begin{pmatrix} b_x \\ b_y \end{pmatrix}$ ergibt sich:

$$\vec{a} \bullet \vec{b} = a_x \cdot b_x + a_y \cdot b_y \tag{1.6}$$

Für den Winkel $\alpha = \angle\left(\vec{a}, \vec{b}\right)$ zwischen den beiden Vektoren gilt:

$$\cos(\alpha) = \frac{\vec{a} \bullet \vec{b}}{|\vec{a}| \cdot |\vec{b}|} = \frac{a_x \cdot b_x + a_y \cdot b_y}{\sqrt{a_x^2 + a_y^2} \cdot \sqrt{b_x^2 + b_y^2}} \tag{1.7}$$

Für das Skalarprodukt $\vec{a} \bullet \vec{b}$ ist auch eine andere Schreibweise üblich:

$$\vec{a} \bullet \vec{b} = \left\langle \vec{a}, \vec{b} \right\rangle \tag{1.8}$$

## Vektorprodukt

Das *Vektorprodukt von zwei Vektoren ist ein Vektor.* Im Gegensatz zum Skalarprodukt ist das Vektorprodukt nur im dreidimensionalen Raum definiert.

Das Vektorprodukt der beiden Vektoren $\vec{a} = \left(a_x, a_y, a_z\right)$ und $\vec{b} = \left(b_x, b_y, b_z\right)$ ist:

$$\vec{c} = \vec{a} \times \vec{b} = \begin{pmatrix} a_y b_z - a_z b_y \\ a_z b_x - a_x b_z \\ a_x b_y - a_y b_x \end{pmatrix} \tag{1.9}$$

Eigenschaften des Vektorproduktes:

$$\vec{b} \times \vec{a} = -\left(\vec{a} \times \vec{b}\right) \tag{1.10}$$

Zu (1.10): Der Betrag ist gleich, die Richtung ist entgegengesetzt.

$$\vec{a} \times \vec{b} = 0 \text{ für } \vec{a} \parallel \vec{b} \text{ oder } \vec{a} = 0 \text{ oder } \vec{b} = 0 \qquad (1.11)$$

$$\vec{c} = |\vec{a}| \cdot |\vec{b}| \cdot \sin\left[\angle\left(\vec{a}, \vec{b}\right)\right] \qquad (1.12)$$

$$\vec{c} \text{ steht } \perp \text{ auf } \vec{a} \text{ und } \vec{b} \qquad (1.13)$$

## 1.7    Partielle Ableitungen

Das Differenzieren einer Funktion mit nur einer unabhängigen (reellen) Variablen wird hier als bekannt vorausgesetzt. Enthält eine Funktion zwei oder mehr unabhängige Variable, so muss die Funktion evtl. nach einer dieser Variablen abgeleitet werden. Beim partiellen Differenzieren werden alle Variablen bis auf eine, nach der differenziert wird, als Konstanten betrachtet. Um Darstellungen in der Literatur zu verstehen, sollte man zumindest die Notation kennen, die beim partiellen Differenzieren verwendet wird. Der Ausdruck

$$\frac{\partial}{\partial U_{\mathrm{BE}}} I_{\mathrm{C}}(U_{\mathrm{BE}}) = \cdots \qquad (1.14)$$

bedeutet, dass $I_{\mathrm{C}}$ von der Variablen $U_{\mathrm{BE}}$ abhängig ist und nach dieser differenziert wird. Warum wird partiell differenziert? Weil $I_{\mathrm{C}}$ *nicht nur* von $U_{\mathrm{BE}}$, sondern *zusätzlich auch* von der Spannung $U_{\mathrm{CE}}$ abhängig ist. Werden nicht alle unabhängigen Variablen angegeben, so kann das Zeichen „$\partial$" (ein stilisiertes d, oft ausgesprochen als „del") verwirrend sein.

Ist die Abhängigkeit von einer zweiten Variablen vernachlässigbar gering, so sollte das Zeichen „$\partial$" vermieden werden.

## 1.8    Nomenklatur

1. Für zeit**un**abhängige Konstanten und Variablen werden meist große, aber auch kleine Buchstaben verwendet. Es können lateinische oder griechische Buchstaben sein.
   *Beispiele*: Ladung $Q$, Gleichspannung $U$, ohmscherWiderstand $R$, konstante Geschwindigkeit $v$, Kapazität $C$, absolute Temperatur $T$ in Kelvin.
   Wichtige Ausnahmen sind *Effektivwerte* im *Wechselstromkreis*: $U$, $I$ und $P$ sind entweder Gleichstromgrößen oder Effektivwerte von Spannung, Strom und Leistung bei Wechselstrom. *Effektivwerte* sind *Gleichstromäquivalente* und somit *zeitunabhängig*.
   **Effektivwerte werden durch große Buchstaben ohne den Index „eff" angegeben!**
2. Soll die Abhängigkeit einer physikalischen Größe von einer Variablen besonders hervorgehoben werden, so können in der Funktionsbezeichnung die abhängigen und unabhängigen Variablen ausführlich genannt werden.

*Beispiele:* $I_D(U_D)$, $\varphi(x)$, $U_{Kl}(I_L)$.

3. Zur Beschreibung zeit**ab**hängiger Größen mit **Sinusform** *(harmonische Schwingungen)* werden kleine Buchstaben verwendet, oft unter expliziter Angabe der unabhängigen Variablen $t$ (Zeit). Es erfolgt eine Beschreibung des Momentanwertes (Augenblickswertes) der periodischen Größe.
   *Beispiele:* $u(t) = \hat{U} \cdot \sin(\omega t + \varphi_u)$, $u(t) = \hat{U} \cdot \cos(\omega t + \varphi_u)$, $i(t) = \hat{I} \cdot \sin(\omega t - \varphi_i)$.

4. Zeitabhängige Größen, die periodisch oder nicht periodisch (z. B. nur einmal ablaufend) sein können, aber nicht sinusförmig sind, sollten (zur Unterscheidung von harmonischen Schwingungen) mit Großbuchstaben unter expliziter Angabe der unabhängigen Variablen $t$ (Zeit) definiert werden.
   *Beispiele:* a) Strom $I_C(t)$ und Spannung $U_C(t)$ mit exponentiellem Verlauf bei Lade- und Entladevorgängen.

$$I_C(t) = \frac{U}{R} \cdot \exp\left(-\frac{t}{R \cdot C}\right); \quad U_C(t) = U \cdot \exp\left(-\frac{t}{R \cdot C}\right)$$

b) Abschnittsweise Definition einer Rechteckspannung:

$$U(t) = \begin{cases} 5{,}0 \text{ V für } 0 \leq t < T/2 \\ 0 \text{ für } \quad T/2 \ \leq t < T \end{cases}$$

5. Als Symbole für Naturkonstanten und materialspezifische Parameter dienen oft kleine (lateinische oder griechische) Buchstaben.
   *Beispiele:* Lichtgeschwindigkeit $c$ im Vakuum, elektrische Feldkonstante $\varepsilon_0$, spezifischer Widerstand $\rho$.

6. Treten Symbole mit gleichem Namen mehrfach auf, z. B. bei der Bezeichnung von Bauelementen wie Widerstand $R$, Kondensator $C$ oder Spule $L$, so ist ihre Unterscheidung durch einen Laufindex möglich.
   *Beispiele:* $R_1, R_2, R_3, \ldots$; $C_1, C_2$.

7. Speziell gekennzeichnet können Symbole werden durch Unter- oder Überstreichen, Aufsetzen eines bestimmten Zeichens (z. B. eines Daches) oder durch einen beschreibenden Index.
   *Beispiele:* Vektor im elektrischen Feld $\vec{E}$, Amplitude (Scheitelwert) eines Stromes $\hat{I}$, komplexer Widerstand $\underline{Z}$ (komplexe Größen werden unterstrichen), komplexer Effektivwert $\underline{U}$, komplexe Amplitude einer Spannung $\underline{\hat{U}}$, konjugiert komplexer Widerstand $\underline{Z}^*$, mittlere Geschwindigkeit $\bar{v}$, Eingangsspannung $U_e$, Ausgangsspannung $U_a$, Spannung zwischen Basis und Emitter bei einem Bipolartransistor $U_{BE}$.

## 1.9  Naturkonstanten

In Tab. 1.1 sind einige Naturkonstanten enthalten, die in der Elektrotechnik häufig gebraucht werden.

**Tab. 1.1** In der Elektrotechnik häufig benötigte Naturkonstanten

| Naturkonstante | Zeichen | Zahlenwert | Einheit |
|---|---|---|---|
| Boltzmann-Konstante | $k$ | $1,381 \cdot 10^{-23}$ | J/K |
| Elektronenruhemasse | $m_0$ | $9,110 \cdot 10^{-31}$ | kg |
| Elementarladung | $e$ | $1,602 \cdot 10^{-19}$ | As |
| Elektrische Feldkonstante (Permittivität im Vakuum) (früher Dielektrizitätskonstante) | $\varepsilon_0$ | $8,854 \cdot 10^{-12}$ | As/Vm |
| Magnetische Feldkonstante (Permeabilität des Vakuums) | $\mu_0$ | $4\pi \cdot 10^{-7}$ | Vs/Am |
| Lichtgeschwindigkeit im Vakuum | $c$ | $2,998 \cdot 10^8$ | m/s |
| Planck'sches Wirkungsquantum | $h$ | $6,626 \cdot 10^{-34}$ | Js |

Der Zusammenhang zwischen $c$, $\varepsilon_0$ und $\mu_0$ ist:

$$c = \frac{1}{\sqrt{\mu_0 \cdot \varepsilon_0}} \tag{1.15}$$

## 1.10 Leiter, Halbleiter, Nichtleiter

Materie kann, entsprechend ihrer Fähigkeit elektrischen Strom zu leiten, in unterschiedliche Kategorien eingeteilt werden.

### 1.10.1 Leiter

Welche atomaren Teilchen eine elektrische Ladung besitzen und somit *Ladungsträger* sind, erklärt sich aus dem atomaren Aufbau der Materie (Abschn. 1.13.1). Stoffe mit vielen frei beweglichen (nicht an Atome gebundenen) Ladungsträgern leiten den elektrischen Strom sehr gut und werden deshalb als *Leiter* bezeichnet. Metalle haben viele frei bewegliche Elektronen *(Leitungselektronen)*. Eine einfache Modellvorstellung für die Stromleitung in Metallen ist ein „Elektronengas" zwischen den Atomrümpfen. Metalle sind *Elektronenleiter*. Die *Leitfähigkeit* von Metallen wird mit zunehmender Temperatur *kleiner* (ihr *Widerstand* wird *größer*). Der Grund ist: Mit höherer Temperatur schwingen die positiven Metallionen (sie haben ein Valenzelektron an das Elektronengas abgegeben) stärker um ihre Ruhelage. Damit nimmt die Wahrscheinlichkeit zu, dass ein sich zwischen den Atomen bewegendes Elektron mit einem der Atomrümpfe zusammenstößt und abgebremst wird. Der Fluss von Ladungsträgern wird umso stärker gehemmt, je höher die Temperatur ist. Technisch wichtige Metalle sind u. a. Kupfer, Aluminium, Gold.

Innerhalb eines elektrischen Leiters, z. B. in einem Metallstück, kann kein elektrostatisches Feld entstehen, da es nach dem Aufbringen von Ladungsträgern sofort zu
einem Ladungsausgleich kommt. Die Ladungsträger (Elektronen) verteilen sich wegen
der gegenseitigen Abstoßungskräfte (Abschn. 3.6) sofort gleichmäßig im gesamten
Metallstück.

Außer Elektronenleiter gibt es auch *Ionenleiter*. Bei der Strömung von Ionen werden elektrische Ladungen mit ionisierten Atomen oder Molekülen transportiert. Positive
Ionen haben in der Elektronenhülle weniger Elektronen als positive Kernladungen, bei
negativen Ionen ist es umgekehrt. *Ionenleiter* sind wässrige Lösungen von Salzen, Säu-
ren und Laugen, sie heißen *Elektrolyte*. Die *Ionenleitung* ist immer mit einem *Stofftrans-
port* verbunden. Technisch genutzt wird dies beim Galvanisieren, bei dem ein unedles
Metall mit einer Schicht eines edleren Metalls überzogen wird.

*Gase* sind Nichtleiter, können jedoch durch Zufuhr von Energie (z. B. durch ein star-
kes elektrisches Feld) ionisiert und somit leitend werden. Technische Nutzung: Leucht-
stoffröhren.

## 1.10.2 Halbleiter

Die Leitfähigkeit von Halbleitern liegt (grob gesagt) zwischen derjenigen von Leitern
und Nichtleitern. Es gibt *Elementhalbleiter* wie z. B. Germanium (Ge) und Silizium
(Si) und *Verbindungshalbleiter*, z. B. Galiumarsenid (GaAs). Die Leitfähigkeit von *rei-
nen* Halbleitern (ohne in ihrem Kristallgitter eingebaute Fremdatome) ist sehr klein. Um
Halbleiter mit einer technisch verwertbaren Leitfähigkeit zu erhalten, werden bestimmte
*Fremdatome (Störstellen)* in das Atomgitter des Halbleiters eingebaut (Vorgang der
*Dotierung*). Je nach Dotierungsmaterial entstehen dadurch entweder frei bewegliche
Elektronen (durch *Donatoren*) oder es werden Elektronenfehlstellen erzeugt (durch
*Akzeptoren*), die als *Löcher* bezeichnet werden. Löcher bewegen sich scheinbar durch
das Atomgitter des Halbleiters, sie werden wie Elektronen als Ladungsträger (aber mit
positiver Ladung) behandelt.

Freie Elektronen und Löcher entstehen immer *paarweise*. Die Entstehung eines
Elektron-Loch-Paares wird *Generation* genannt. Nimmt ein freies Elektron den Platz
eines Loches ein, so verschwindet das Ladungsträgerpaar. Dieser Vorgang wird als
*Rekombination* bezeichnet.

Je nach Dotierung können *n-Halbleiter* mit überwiegend Elektronen oder *p-Halbleiter*
mit überwiegend Löchern als frei bewegliche Ladungsträger hergestellt werden. Auf
der Verbindung dieser beiden Halbleiterarten *(pn-Übergang)* bestehen Bauelemente der
Elektronik wie z. B. Dioden und Transistoren.

Wie bei Metallen ist die *Leitfähigkeit* von Halbleitern abhängig von der Temperatur,
sie wird jedoch mit steigender Temperatur *größer* (und nicht kleiner wie bei Metallen).
Dies gilt zumindest in einem bestimmten Temperaturbereich der *Störstellenreserve* unter

ca. 250 Kelvin. Der Grund: Auch bei Halbleitern vergrößert sich die Anzahl der Zusammenstöße von fließenden Ladungsträgern mit ortsfesten, um ihre Ruhelage schwingenden Atomrümpfen, wodurch die Leitfähigkeit kleiner wird. Durch die Energiezufuhr werden aber gleichzeitig mehr Ladungsträgerpaare erzeugt. Diese Zunahme freier Ladungsträger erfolgt exponentiell mit der Temperatur wachsend und überwiegt deutlich den Effekt der Zusammenstöße. Somit nimmt die Leitfähigkeit (bei niedrigen Temperaturen unter ca. −23 °C) insgesamt mit steigender Temperatur zu. Bei Temperaturen zwischen ca. 250 und 600 Kelvin (−23 °C bis ca. 327 °C) im Bereich der *Störstellenerschöpfung* nimmt die Leitfähigkeit dotierter Halbleiter ähnlich wie bei Metallen leicht ab.

### 1.10.3 Nichtleiter

Sie werden als *Isolatoren* bezeichnet. Ihr elektrischer Widerstand ist sehr groß, er verhindert einen Stromfluss. Isolatoren besitzen fast keine frei beweglichen Ladungsträger. Der Aggregatzustand kann fest, flüssig oder gasförmig sein. Technisch wichtige Isolatoren sind z. B. Vakuum, Hartpapier, Porzellan, Gummi, Kunststoffe, auch Luft.

Ein Isolator aus einem Stoff kann elektrisch aufgeladen werden, da Ladungsträger an der Stelle des Isolators verbleiben, an der sie aufgebracht werden. Eine Verschiebung von Ladungsträgern (und somit ein Ausgleich, eine gleichmäßige Verteilung der Ladung) innerhalb des Nichtleiters ist nicht möglich. Wurde ein Isolator aufgeladen, so besitzt er eine ortsfeste elektrische Ladung, die ein elektrisches Feld erzeugt. Die statische Aufladung von Nichtleitern (z. B. durch Reibung) ist oft ungewollt, sie kann elektronische Bauelemente zerstören.

## 1.11  Koordinatensysteme

Zur Beschreibung der Lage von Punkten oder von geometrischen Gebilden in einer Ebene oder im Raum, zur Definition von Längen (Entfernungen) und von Bewegungen werden Koordinatensysteme verwendet. Von großer Bedeutung sind *orthogonale* Koordinatensysteme, bei denen die Einheitsvektoren senkrecht aufeinander stehen. Wichtige orthogonale Koordinatensysteme sind:

- Kartesische Koordinaten,
- Zylinderkoordinaten,
- Kugelkoordinaten.

Das Rechnen mit kartesischen Koordinaten wird hier vorausgesetzt. Zylinder- und Kugelkoordinaten vereinfachen oft physikalische Berechnungen, vor allem, wenn es sich um elektrische oder magnetische Felder handelt.

Zur Erläuterung von Feldern sind zwei Arten von Vektoren wichtig.

Ein **Ortsvektor** $\vec{r}$ ist ein Vektor vom Ursprung des Koordinatensystems zu einem Punkt P im Raum. Im kartesischen Koordinatensystem wird der Punkt P durch Angabe der drei räumlichen Koordinaten festgelegt: $P(x, y, z)$.

Der Ortsvektor in kartesischen Koordinaten lautet in Komponentenschreibweise:

$$\vec{r} = x\,\vec{e}_x + y\,\vec{e}_y + z\,\vec{e}_z \tag{1.16}$$

Ein **Feldvektor** ist ein Vektor, der einem Raumpunkt zugewiesen ist. Er legt also die Eigenschaft eines Punktes im Raum nach *Betrag* (Stärke) und *Richtung* (einer Wirkung) fest.

## 1.12 Darstellungsformen von Funktionen

Gleichungen (Funktionen) bzw. Kurven können auf unterschiedliche Weise dargestellt werden.

Die Darstellungsformen in Tab. 1.2 sollten durch den Mathematikunterricht in der Schule bekannt sein. Am häufigsten wird die explizite Form verwendet. Die implizite Form wird in der Elektrotechnik selten benötigt. Die Parameterdarstellungen werden in der Theorie der Felder und Wellen und bei Berechnungen von Kurven im dreidimensionalen Raum angewandt. Hier seien als Beispiele das *Kurvenintegral*, das *Flächenintegral* und das *Volumenintegral* genannt (Abschn. 3.2.). Eine Hauptschwierigkeit bei der Anwendung der Parameterdarstellung ist die Parametrisierung einer Kurve oder einer Fläche. Komplizierte mathematische Operationen wie die genannten Integrale werden in dieser Schnelleinführung möglichst auf mathematisch leicht zu handhabende Sonderfälle beschränkt.

## 1.13 Aufbau der Materie, Atombau, Ladungsträger

Elektrische Vorgänge können mit dem atomaren Aufbau der Materie erklärt werden. Dazu verwenden wir das leicht verständliche und für unsere Zwecke ausreichend genaue Bohr'sche Atommodell.

**Tab. 1.2** Mögliche Darstellungsarten von Gleichungen

| Art der Darstellung | In der Ebene | Im Raum |
|---|---|---|
| Explizite Form | $y = f(x)$ | $z = f(x, y)$ |
| Implizite Form | $F(x, y) = 0$ | $F(x, y, z) = 0$ |
| Parameterdarstellung | $x = x(t);\ y = y(t)$ | $x = x(t);\ y = y(t);\ z = z(t)$ |
| Vektorielle Parameterdarstellung | $\vec{r}(t) = \begin{pmatrix} x(t) \\ y(t) \end{pmatrix}$ | $\vec{r}(t) = \begin{pmatrix} x(t) \\ y(t) \\ z(t) \end{pmatrix}$ |

### 1.13.1  Das Bohr'sche Atommodell

Nach diesem Atommodell (Abb. 1.1) besteht ein Atom aus einem *Atomkern* und einer
*Atomhülle.* Der Atomkern besteht aus *Protonen* und *Neutronen.* Ein Proton hat die positive *Elementarladung* „+*e*". Obwohl die Elementarladung eine konstante Größe ist, wird
das Zeichen *e* für die Elementarladung hier kursiv geschrieben, um eine Verwechslung
mit der Euler'schen Zahl e = 2,718… (Basis des natürlichen Logarithmus) zu vermeiden.
Die Elementarladung ist die kleinste elektrische Ladungseinheit. Elektrizitätsmengen
sind immer ganzzahlige Vielfache der Elementarladung. Neutronen sind elektrisch
neutral, sie sind elektrisch nicht geladen. In der Atomhülle umkreisen Elektronen auf
bestimmten Bahnen den Atomkern. Die *potenzielle Energie* eines Elektrons gegenüber
dem Kern ist umso größer, je weiter die Umlaufbahn vom Kern entfernt ist. Elektronen
mit ungefähr gleichem Abstand vom Kern bilden eine *Elektronenschale.* Die Elektronen auf der äußersten Schale eines Atoms heißen *Valenzelektronen.* Ein Elektron hat die
negative *Elementarladung* „–*e*". Die Anzahl der Protonen im Atomkern ist immer gleich
der Anzahl der Elektronen in der Atomhülle. Die äußerste Schale ist *nicht* immer vollständig mit Elektronen besetzt. Sie kann Elektronen aufnehmen (Ergebnis: Ionisiertes
Atom, negatives *Ion*) oder abgeben (Ergebnis: positives Ion). Ein nicht ionisiertes Atom
ist nach außen hin elektrisch neutral, die Ladungen im Kern und in der Hülle heben sich
auf. In einfachen Atommodellen besitzen Protonen, Neutronen und Elektronen keine
unterteilbare Struktur, sie werden deshalb als *Elementarteilchen* bezeichnet.

Elektronen und Protonen haben eine Masse, sie sind also Materie. Betrachten wir die
Ladungen dieser Elementarteilchen, so sehen wir:

**Abb. 1.1**  Darstellung eines
nicht ionisierten Atoms im
Bohr'schen Atommodell

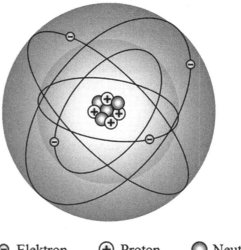

⊖ Elektron      ⊕ Proton      ◯ Neutron

**Ladungsträger bestehen aus Materie. Elektrische Ladung ist immer an Materie gebunden.**

Ein Elektron ist ein Ladungsträger der negativen Elementarladung. Bei Halbleitern wird ein Loch als *Quasiteilchen* angesehen, das zwar keine Materie besitzt, aber in der Festkörperphysik als Teilchen mit einer (effektiven) Masse und der Ladung $+e$ behandelt wird.

## 1.13.2 Ladungstrennung

Als Ladungsträger betrachten wir nur Elektronen. Galvanische Vorgänge mit Protonen bzw. Molekülen (Ionen) werden in diesem Werk nicht behandelt, Löcher sind erst in der Halbleiterelektronik bedeutsam.

Elektronen können von der Atomhülle entfernt werden, wenn dem Atom Energie zugeführt wird. Es entsteht ein freies Elektron *(Leitungselektron),* das zu einem Stromfluss beitragen kann. Zurück bleibt ein positiv geladenes, ortsfestes Ion.

Besitzt ein Körper mehr positive als negative Ladungen, so wird er als positiv geladen bezeichnet. Ein Ort mit Elektronenmangel gegenüber einem anderen Ort heißt *positiver Pol* (positive Elektrode, *Pluspol*) oder *Anode.* Ein Ort mit Elektronenüberschuss gegenüber einem anderen Ort heißt *negativer Pol* (negative Elektrode, *Minuspol*) oder *Kathode.* Sind Pluspol und Minuspol *nicht* mit einem Leiter verbunden, so kann kein Ladungsausgleich stattfinden, es kann kein Strom fließen, da der Stromkreis nicht geschlossen ist.

Elektrisch geladene Orte entstehen durch *Ladungstrennung.* Dazu muss einem System Energie zugeführt werden, es muss Arbeit aufgewendet werden. Die Energie einer bestimmten Form wird durch einen *Energiewandlungsprozess* in elektrische Energie umgewandelt, indem eine Ladungstrennung bewirkt und aufrecht erhalten wird. **Die bei einer Ladungstrennung zugeführte Energie wird in den Ladungsträgern in Form von potenzieller Energie gespeichert.** Wird ein Elektron durch Energiezufuhr zu einem freien Leitungselektron mit entsprechend hoher potenzieller Energie, so kann es beim Fließen von Strom durch Umwandlung seiner potenziellen Energie Arbeit leisten.

Möglichkeiten zur Ladungstrennung sind jeweils die Umwandlung von:

- Mechanische in elektrische Energie
  Eine Drahtschleife (Spule) rotiert durch Zufuhr mechanischer Energie in einem zeitlich konstanten Magnetfeld. Im Leiter erfolgt eine Ladungstrennung (Prinzip des Generators).
- Chemische in elektrische Energie
  Chemische Reaktionen in Batterien und Akkus erhalten eine Ladungstrennung aufrecht.
- Wärmeenergie in elektrische Energie (Thermoelement).
- Lichtenergie in elektrische Energie (Fotoelement).

# Felder

**2**

## 2.1 Geschichtliches

Im 18. Jahrhundert war die *Fernwirkungstheorie* eine übliche Darstellungsweise für Gesetze der Bewegung von Planeten (Isaac Newton) und der Kraftwirkung zwischen elektrischen Ladungen (C. A. Coulomb). Fernkräfte waren durch folgende Eigenschaften gekennzeichnet:

1. Der Raum zwischen dem Ort der Ursache und dem Ort der Wirkung ist an der Übertragung der Fernkraft *nicht* beteiligt.
2. Die Ausbreitung einer Fernkraft erfolgt immer *geradlinig.*
3. Die Ausbreitungs*geschwindigkeit* einer Fernkraft ist *unendlich* groß.

Bestimmte Widersprüche in der Fernwirkungstheorie der Newton'schen Mechanik veranlassten Michael Faraday die Fernwirkungstheorie durch die *Nahwirkungstheorie (Feldtheorie)* zu ersetzen. Die Feldtheorie ist durch folgende Eigenschaften gekennzeichnet:

1. Der Raum zwischen dem Ort der Ursache und dem Ort der Wirkung ist an der Übertragung der Kraft durch einen *speziellen Zustand* mit *besonderen physikalischen Eigenschaften* beteiligt.
2. Kräfte werden im Raum vom Ort der Ursache zum Ort der Wirkung von Raumpunkt zu Raumpunkt entlang gedachter *Kraftlinien (Feldlinien)* übertragen. Die Feldlinien können auch *gekrümmt* sein, die Ausbreitung einer Kraft kann also auch krummlinig verlaufen.
3. Die Ausbreitungs*geschwindigkeit* einer Kraft hat einen *endlichen* Wert.

© Springer Fachmedien Wiesbaden GmbH, ein Teil von Springer Nature 2021
L. Stiny, *Schnelleinführung Elektrotechnik,* https://doi.org/10.1007/978-3-658-28967-6_2

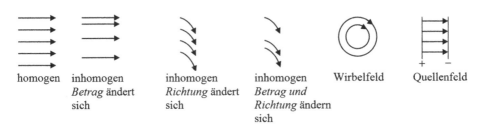

**Abb. 2.1**  Feldlinien einiger physikalischer Felder

James Clark Maxwell fasste die Gedanken der Feldtheorie von Faraday in seinen berühmten vier Maxwell'schen Gleichungen zusammen. Diese beschreiben den
Zusammenhang zwischen elektrischen und magnetischen Feldern und die Entstehung
von elektromagnetischen Wellen, die sich mit (endlicher) Lichtgeschwindigkeit im
Vakuum (somit nicht an Stoff gebunden) ausbreiten. Feldlinien einiger verschiedener
physikalischer Feldarten sind in Abb. 2.1 dargestellt.

## 2.2    Der Feldbegriff

Eine allgemeine Definition des Begriffes „Feld" ist:

- Ein Feld beschreibt einen physikalischen Zustand innerhalb eines Raumes in
  Abhängigkeit der drei Richtungskoordinaten $x, y, z$ (oder des Ortsvektors $\vec{r}$) und der
  Zeit $t$.
- Jedem Punkt des Raumes wird eine physikalische *Feldgröße* (hier elektrisch oder
  magnetisch) zugeordnet, die diesen Zustand beschreibt.
- Die gesamte Menge aller Zustandswerte im Raum heißt Feld.

Ein Feld ist *nicht* an das Vorhandensein von Stoff gebunden. *Ein Feld beschreibt die
räumliche und zeitliche Verteilung einer physikalischen Größe.* Diese Größe kann elektrischer oder magnetischer Natur sein. An jeder Stelle in einem Feld liegt eine bestimmte
physikalische Eigenschaft vor. Je nach Art des Feldes kann eine Kraftwirkung erfolgen.
Dieser Zustand des Raumes kann durch geeignete Testobjekte nachgewiesen werden.
Bei elektromagnetischen Feldern sind diese Testobjekte ruhende oder bewegte Ladungen. Durch die Kraftwirkung auf *Testobjekte (Probekörper)* in einem Feld kann *Arbeit*
verrichtet werden. Felder sind also Träger von *Energie* (sonst könnte keine Arbeit verrichtet werden). Ein Feld beschreibt somit einen bestimmten energetischen Zustand eines
Raumgebietes, evtl. in Abhängigkeit des Ortes und der Zeit. Hängt die Feldgröße *nicht*
von der Zeit ab, so handelt es sich um ein *statisches* Feld. Wir beschränken uns in der
Elektrotechnik auf **elektrische** und **magnetische** Felder.

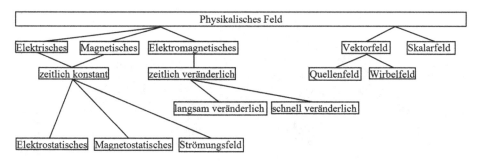

**Abb. 2.2** Mögliche Einteilung physikalischer Felder

Es gibt *Skalarfelder* und *Vektorfelder.* Abb. 2.2 zeigt eine mögliche Einteilung von Feldern.

## 2.2.1 Skalarfeld

**Bei einem Skalarfeld wird jedem Raumpunkt *P(x,y,z)* eine reelle Zahl (ein Skalar) zugeordnet.** Die Zuordnung erfolgt durch eine skalare Ortsfunktion $u(x,y,z)$ oder $u(\vec{r})$. Die Zahl $u(x,y,z)$, die in einem Skalarfeld einem Raumpunkt $P(x,y,z)$ zugewiesen wird, wird als **Potenzial** bezeichnet. Ein Skalarfeld ist *nicht* gerichtet.

Durch das Potenzial wird jedem Raumpunkt eine Größe „Energie pro Ladung" zugeordnet. In dem Raumpunkt muss jedoch nicht wirklich eine Ladung vorhanden sein.

Ein Skalarfeld liegt vor, wenn die physikalische Feldgröße eine skalare Größe ist, also nur durch die Angabe einer reellen Zahl festgelegt ist, oder wenn von einer vektoriellen Feldgröße nur der Betrag betrachtet wird. *Beispiele:* Verteilung der Temperatur im Raum, Verteilung des Luftdrucks in der Erdatmosphäre, räumliche Verteilung des *Betrags* des elektrischen Feldes einer Punktladung.

Wird in einem räumlichen Skalarfeld mehreren Punkten die *gleiche Zahl* zugeordnet, so bildet die Gesamtheit dieser Punkte eine *Äquipotenziallinie* (*Beispiel:* Isobaren) oder eine *Äquipotenzialfläche* (*Beispiel:* Geschlossene Hülle aus leitfähigem Material). Eine *Äquipotenzialfläche* steht immer *senkrecht zu den Feldlinien* des elektrischen Feldes. Auf Äquipotenziallinien, ~flächen können elektrische Ladungen verschoben werden, *ohne Arbeit* zu verrichten.

Skalarfelder können durch eine Schar von Äquipotenzialflächen beschrieben und auch grafisch dargestellt werden. *Beispiel:* Elektrostatisches Feld dargestellt durch Kugeloberflächen um eine im Mittelpunkt der Kugeln ruhende Punktladung.

Ein Beispiel für einen 3D-Plot des Skalarfeldes $f(x, y) = -\left(x^2 + y^2\right)$ zeigt Abb. 2.3.

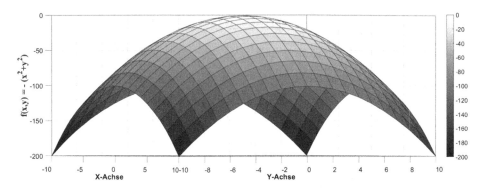

**Abb. 2.3**  Das 3D-Feldbild eines Skalarfeldes

## 2.2.2   Vektorfeld

**Bei einem Vektorfeld wird jedem Raumpunkt ein Feldvektor zugeordnet.**

Ein Vektorfeld liegt vor, wenn die physikalische Feldgröße eine vektorielle Größe mit Betrag und Richtung in jedem Raumpunkt ist. *Beispiele:* Geschwindigkeitsfeld einer strömenden Flüssigkeit, Gravitationsfeld der Erde, magnetisches Feld, elektrisches Feld.

Anschaulich wird jedem Punkt im Raum ein kleiner Vektor zugeordnet, der *Feldvektor*. Werden die Anfangspunkte aller Feldvektoren miteinander verbunden, so ergibt sich eine *Feldlinie (Kraftlinie)*. Feldlinien sind *gedachte* Hilfslinien in der Ebene oder im Raum. Sie können gekrümmt sein und stellen die von einem Feld auf einen Probekörper ausgeübte Kraft bildhaft dar. Tangenten an eine Feldlinie geben in allen Raumpunkten die Richtung der durch das Feld wirkenden Kraft an. Die Richtungen der Tangenten stimmen in allen Berührungspunkten mit den Richtungen der dort vorliegenden Feldvektoren überein.

Die Gesamtheit aller Feldlinien (eigentlich unendlich viele) in einem Vektorfeld ergeben ein *Feldlinienbild* oder *Feldbild*, zeichnerisch dargestellt durch einzelne Feldlinien. Für ein Feldlinienbild gelten folgende Vereinbarungen:

- In jedem Raumpunkt gibt die Richtung der Feldlinie die Richtung der Feldgröße an.
- Der Betrag der Feldstärke ist der *Feldliniendichte* direkt proportional. Je kleiner der Abstand der Feldlinien ist, desto größer ist der Betrag der Feldgröße.

Verlaufen Feldlinien in einem bestimmten Raumgebiet *parallel*, *gerade* und mit konstantem Abstand zueinander, so ist das Vektorfeld in diesem Gebiet *homogen*. Berechnungen sind dann meist relativ einfach. Andernfalls ist das Feld *inhomogen*, Berechnungen enthalten dann häufig Integrale. Feldlinien können sich nicht kreuzen, da im Kreuzungspunkt gleichzeitig zwei unterschiedliche Feldrichtungen vorliegen müssten (physikalisch nicht möglich).

In grafischen Darstellungen von Mathematikprogrammen kann im Feldlinienbild eines Vektorfeldes der lokale Betrag der Feldstärke durch die Dicke oder die Länge der Feldvektoren veranschaulicht werden.

### 2.2.3   Arten physikalischer Felder

#### 2.2.3.1 Statisches Feld

Die Funktionswerte (Feldgrößen) eines statischen Feldes sind zeit*un*abhängig. Es gibt keine bewegten Ladungen, also keine elektrischen Ströme.

In der *Elektrostatik* werden *ruhende* elektrische Ladungen, *ruhende* Ladungsverteilungen und deren elektrische Felder (z. B. geladener Körper) untersucht. Die *Magnetostatik* behandelt zeitlich konstante Magnetfelder (magnetische Gleichfelder). Bei statischen Feldern gibt es keine Verbindungen zwischen elektrischen und magnetischen Feldern. Beide Feldarten existieren unabhängig voneinander.

#### 2.2.3.2 Stationäres Feld

Bei einem stationären Feld ändern sich Verlauf und Dichte der Feldlinien (und somit die Feldgrößen) in Abhängigkeit der Zeit *nicht*. Ein stationäres Feld ist *zeitunabhängig,* mögliche Einschwingvorgänge (Ausgleichsvorgänge) sind abgeschlossen. Durch bewegte Ladungen mit konstanter Geschwindigkeit treten nur zeitlich konstante Gleichströme auf. Gleichströme erzeugen stationäre elektrische und magnetische Felder.

#### 2.2.3.3 Quasistationäres Feld

Bei einem quasistationären Feld verändern sich die Funktionswerte (Feldgrößen) *langsam* mit der Zeit. Die zeitlichen Änderungen müssen langsam genug sein, damit sie (bzw. die Laufzeit ihrer Auswirkung) bezüglich der räumlichen Ausdehnung einer elektrischen Schaltung vernachlässigbar sind. Dies ist der Fall, wenn bei zeitlich sinusförmigem Verlauf der Feldgröße(n) mit der Periodendauer $T$ gilt:

$$T \gg \frac{c}{s} \text{ (evtl. im Hochfrequenzbereichzu beachten)} \tag{2.1}$$

$T$ = Periodendauer der sinusförmig veränderlichen Feldgröße(n) in s (Sekunden),

$c$ = Lichtgeschwindigkeit $= 299\,792\,458$ m/s (Meter pro Sekunde),

$s$ = größte Länge der Schaltung in m (Meter),

$c/s = t_{\mathrm{L}}$ = Laufzeit der elektrischen Erscheinung innerhalb der Schaltung in s (Sekunden).

Bei einem quasistationären Feld sind in jedem Zeitpunkt einer Zustandsänderung die Gesetze der stationären Felder gültig. Es werden nur Konvektionsströme (Leitungsströme) berücksichtigt und es tritt keine Wellenausbreitung auf.

### 2.2.3.4  Nichtstationäres Feld (Wellenfeld)

Die Feldgrößen sind schnell zeitveränderlich, es erfolgt eine Ausbreitung von Funkwellen. Für die Zeitabhängigkeit der Feldgrößen gilt: $T < t_L$.

### 2.2.3.5  Homogenes Vektorfeld

Alle Feldvektoren sind in allen Raumpunkten des Feldes parallel, gleich groß, und haben voneinander den gleichen Abstand. *Richtung* und *Betrag* der *Feldgröße* sind also *konstant*. Homogene Vektorfelder haben *gerade, parallele* und *äquidistante* Feldlinien.

### 2.2.3.6  Inhomogenes Vektorfeld

Der Betrag und/oder die Richtung der Feldvektoren ändert sich. Die *Feldlinien* sind *gebogen,* ihr *Abstand ändert* sich.

### 2.2.3.7  Quellenfeld

Bei einem Quellenfeld haben die Feldlinien einen *Anfangspunkt* (positive Ladung, Quelle) und einen *Endpunkt* (negative Ladung, Senke). *Beispiel:* Das elektrische Feld eines elektrischen Dipols beginnt an der positiven und endet an der negativen Ladung.

### 2.2.3.8  Wirbelfeld

Bei einem Wirbelfeld haben die Feldlinien keinen Anfangs- und keinen Endpunkt, die *Feldlinien* sind *in sich geschlossen.* Es existieren also keine Quellen und Senken. *Beispiel:* Magnetfeld um einen stromdurchflossenen Draht (Abb. 2.4).

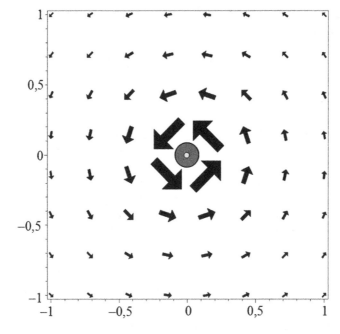

**Abb. 2.4**  Feldbild der magnetischen Feldlinien eines stromdurchflossenen Drahtes, ein Vektorfeld (Wirbelfeld)

### 2.2.3.9 Potenzialfeld
**Ein Potenzialfeld ist wirbelfrei!**

Mit dem Begriff der Rotation gilt:

$$\text{rot}\left(\vec{F}\right) = \vec{0} \tag{2.2}$$

$\Longrightarrow$ Vektorfeld $\vec{F}$ ist wirbelfrei (rotationsfrei), somit ein Potenzialfeld.

Potenzialfelder besitzen die Fähigkeit Arbeit zu verrichten. In einem Potenzialfeld ist jeder Punkt des Feldes durch das an dem Punkt vorhandene Vermögen, Arbeit zu verrichten, eindeutig festgelegt. *Beispiele* für Potenzialfelder sind: Zentralfelder, z. B. elektrisches Feld einer Punktladung. Homogene Vektorfelder, z. B. elektrisches Feld in einem Plattenkondensator.

In der Literatur wird unter dem Begriff Potenzialfeld meist *nicht* das skalare Feld des Potenzials selbst verstanden, sondern das sich aus ihm ableitende *Gradientenfeld*. Dieses ist ein *Vektor*feld, das durch Differenzieren nach dem Ort von einem Skalarfeld abgeleitet werden kann. Vertiefende Stichworte hierzu sind *Gradient, Rotation* (Begriffe der Vektoranalysis), *Potenzialfunktion, Nabla-Operator.* Eine weitergehende Betrachtung erfolgt hier nicht.

Ergänzend wird aber erwähnt: Ein Gradientenfeld (Potenzialfeld) wird als *konservatives Feld* bezeichnet. Das *elektrostatische* Feld (Abschn. 2.3.1) ist ein konservatives Feld. Der Begriff „konservativ" bezieht sich auf die Erhaltung der Energie. Bei einem konservativen Kraftfeld hängt bei einer Verschiebung eines Körpers die verrichtete Arbeit nur von Anfangs- und Endpunkt des Weges ab, die Form des Weges dazwischen ist ohne Bedeutung. In einem Potenzialfeld hängt also ein Linienintegral nur von Anfangs- und Endpunkt ab, nicht vom gewählten Verbindungsweg zwischen den beiden Punkten. Bei einem Kurvenintegral über ein Potenzialfeld ergibt sich als Ergebnis die Potenzialdifferenz zwischen Anfangs- und Endpunkt der Kurve.

**Das Kurvenintegral über ein Potenzialfeld ist vom Integrationsweg unabhängig. Sein Wert ergibt sich unmittelbar aus der Differenz der Potenziale von Anfangs- und Endpunkt der Integration.**

Dies bedeutet, dass das Kurvenintegral über ein Potenzialfeld längs eines geschlossenen Weges null ergibt, da auf manchen Teilwegen Arbeit zu leisten, entlang anderer Teilstücke aber Arbeit wieder gewonnen wird.

$$W = \oint_{C} \vec{F}\left(\vec{r}\right) \cdot d\vec{r} = 0 \text{ für } \vec{F}\left(\vec{r}\right) \text{ konservativ} \tag{2.3}$$

$C$ = in sich geschlossene Kurve in der Ebene oder im Raum,

$\vec{F}(\vec{r})$ = Kraftfeld (Vektorfeld),

$\vec{r}$ = Ortsvektor vom Ursprung zu den Punkten auf $C$.

## 2.3    Wichtige Felder der Elektrotechnik

Wie erwähnt, gibt es elektrische (*E*-) und magnetische (*H*[1]-) Felder. *Ursache* eines *E*-Feldes ist eine elektrische *Ladung*. Wir betrachten hier hauptsächlich den Elektromagnetismus. *Ursache* eines *H*-Feldes ist also in erster Linie ein fließender elektrischer *Strom*. Die Grundlagen des Magnetismus werden in diesem Werk zusammen mit Magnetfeldern von Permanentmagneten nur kurz wiederholt (Abschn. 2.3.4.1).

### 2.3.1    Elektrostatisches Feld

Ein elektrostatisches Feld wird von einer **ruhenden** elektrischen Ladung (eine Ladungsverteilung, geschaffen durch eine Ladungstrennung) oder einer Anordnung von mehreren Ladungsträgern erzeugt. Es kann nur in einer nicht leitenden Umgebung der felderzeugenden Ladungen existieren, in leitender Umgebung würde ein Ladungsausgleich erfolgen. In einem Leiter ist deshalb ein elektrostatisches Feld nicht möglich. Das elektrostatisches Feld ist ein stationäres (zeitlich *un*veränderliches) Feld, zeitlich veränderlichen Feldgrößen gibt keine. Es fließen keine Ströme, somit wird auch kein Magnetfeld erzeugt. Das elektrostatische Feld ist ausschließlich ein elektrisches Feld. Da kein Strom fließt, der ein magnetisches Wirbelfeld hervorrufen könnte, ist es *wirbelfrei* und somit ein *Potenzialfeld*. Als *Vektorfeld* besitzt es *Feldrichtung* und *Feldstärke*. Der *Verlauf* von Feldlinien gibt die *Richtung* der Kraft auf eine im Feld befindliche Probeladung, ihre *Dichte* den *Betrag* dieser Kraft an. Die elektrische Feldstärke *E* ist definiert durch die auf eine *positive*(!) Probeladung $Q_P$ ausgeübte Kraft *F*.

$$\underline{\vec{E} = \frac{\vec{F}}{Q_P}} \tag{2.4}$$

$E$ = elektrische Feldstärke in V/m (Volt pro Meter), $1\,N/1\,C = 1\,V/m$,
$F$ = Kraft in N (Newton),
$Q_P$ = Probeladung in C (Coulomb), $1\,C = 1\,As$.

Die Feldlinien des elektrostatischen Feldes beginnen an *positiven* Ladungen, den **Quellen,** und enden an *negativen* Ladungen, den **Senken. Das elektrostatische Feld ist ein Quellenfeld.**

   Wird eine Probeladung $Q_P$ *unter dem Winkel α* zu einer Feldlinie um ein Wegstück *d in* Feldrichtung verschoben, so ist die dabei verrichtete Arbeit:

---

[1]Die abkürzenden Buchstaben *E* und *H* beziehen sich auf die Formelzeichen der jeweiligen Feldstärke.

$$W = \vec{F} \bullet \vec{d} = Q_P \cdot \vec{E} \bullet \vec{d} = Q_P \cdot \left| \vec{E} \right| \cdot \left| \vec{d} \right| \cdot \cos(\alpha) \tag{2.5}$$

*Parallel* zu einer Feldlinie gilt betragsmäßig $\alpha = 0$ bzw. $\cos(\alpha) = 1$, somit:

$$\underline{\underline{W = E \cdot d}} \tag{2.6}$$

Das $E$-Feld „zeigt" von der positiven zur negativen Elektrode. Ist die Probeladung $Q_P$ ein Elektron (also negativ) und dieses wird *in* Feldrichtung zur negativen Elektrode hin verschoben, so ist die dabei verrichtete Arbeit aufzubringen, folglich positiv ($W > 0$). Bei einer Verschiebung einer negativen Ladung *gegen* die Feldrichtung zur positiven Elektrode hin wäre die dabei verrichtete Arbeit (Energie) gewonnen, demnach negativ ($W < 0$).

Da im elektrostatischen Feld sowohl Arbeit verrichtet als auch gewonnen werden kann, ist es, wie bereits erwähnt, ein *konservatives* Feld (Abschn. 2.2.3.9 und 3.7).

Die elektrische Ladungsverteilung, die ein elektrisches Feld erzeugt, kann von einer Spannungsquelle hervorgerufen werden. Dieses Prinzip findet Anwendung beim Kondensator. Wird eine Probeladung $Q_P$ von der negativen zur positiven Elektrode eines Kondensators gebracht, so ist die aufzuwendende Kraft $F = E \cdot Q_P$. Ist $d$ der gleichmäßige Elektrodenabstand, so ist die aufzuwendende Energie $W = F \cdot d = E \cdot Q_P \cdot d$. Nach (3.71) gilt auch $W = U \cdot Q$. Mit $Q = Q_P$ und durch Gleichsetzen und Umstellen folgt:

$$\underline{\underline{E = \frac{U}{d}}} \tag{2.7}$$

Wird die Probeladung *senkrecht* zur Richtung des $E$-Feldes verschoben, so ist $\alpha = 90°$ und $\cos(\alpha) = 0$, somit ist $W = 0$. Es wird also keine Arbeit geleistet (keine Energie umgesetzt), da es keine Feldkomponente in Verschiebungsrichtung gibt. Das Potenzial aller Punkte auf einer Linie senkrecht zur Feldrichtung ist gleich, die Linie ist eine **Äquipotenziallinie**. Eine Fläche im Raum aus Punkten gleichen Potenzials bildet eine **Äquipotenzialfläche**.

Eigenschaften von Äquipotenzialflächen sind:

- Es gibt unendlich viele Äquipotenzialflächen (nur einige werden gezeichnet).
- Sie verlaufen senkrecht zu den Feldlinien.
- Äquipotenzialflächen verschiedener Potenziale können sich nicht berühren oder schneiden, ein Punkt hat ein eindeutiges Potenzial.
- Das elektrische Feld zwischen parallelen Äquipotenzialflächen ist homogen (siehe Abschn. 4.2.1, Plattenkondensator).

Im elektrostatischen Feld sind Äquipotenzialflächen Orte mit gleicher potenzieller Energie. Eine Bewegung einer Ladung auf einer Äquipotenzialfläche ändert nicht ihre potenzielle Energie.

Jede Metalloberfläche ist eine Äquipotenzialfläche. *Beginn* und *Ende* von Feldlinien des *E*-Feldes stehen daher auf ideal leitenden *Metalloberflächen,* die von einem Medium schlechter Leitfähigkeit umgeben sind, stets *senkrecht.*

**Das Innere eines Leiters ist feldfrei.** Grund: Die Ladungen verteilen sich an der Oberfläche des Leiters. Die Form des Leiters ist egal. Auch das Innere eines hohlen Leiter ist feldfrei. Anwendungen dieses Effekts sind:

- Der *Faraday'sche Käfig* zur Abschirmung elektrischer (*nicht* magnetischer) Felder mit sehr hoher Feldstärke (Blitz),
- die Abschirmung elektronischer Schaltungsteile mit Metallgehäusen zum Schutz vor dem Einfluss störender *E*-Felder (Verhinderung von Entladungsströmen).

Bei einem *homogenen* elektrostatischen Feld sind die Feldlinien parallele Geraden, Richtung und Betrag der elektrischen Feldstärke sind in jedem Punkt des Feldes gleich. Dieser Sonderfall liegt im *Innen*bereich eines *Plattenkondensators* vor.

Das 3D-Feldlinienbild einer positiven Punktladung zeigt Abb. 2.5. Die negative Ladung liegt im Unendlichen. Die Feldlinien beginnen bei der Punktladung +*Q* und gehen nach Unendlich. Die Äquipotenzialflächen sind (unendlich viele) konzentrische

**Abb. 2.5** Feldlinienbild einer (elektrostatischen) Punktladung Q > 0

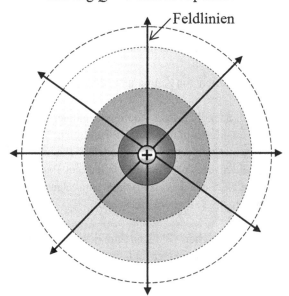

Äqipotenzialflächen sind konzentrische Kugelschalen mit der
Ladung *Q* > 0 im Mittelpunkt

Feldlinien

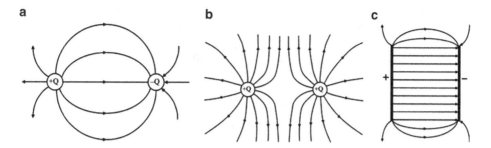

**Abb. 2.6** Beispiele elektrostatischer Felder mit Feldlinienbildern in einem zweidimensionalen Schnitt durch eine dreidimensionale Feldverteilung

Kugelschalen mit der Punktladung in ihrem Mittelpunkt. Gezeichnet sind nur vier Äquipotenzialflächen. Bei einer negativen Punktladung $Q < 0$ wäre die Richtung der Feldlinien umgekehrt, sie würden im Unendlichen beginnen, auf die Punktladung $-Q$ zulaufen und bei dieser enden.

Weitere Beispiele elektrostatischer Felder sind in Abb. 2.6 dargestellt. Abb. 2.6a zeigt einen *Dipol* mit positiver und gleich großer negativer Ladung. Abb. 2.6b zeigt das Feldlinienbild mit zwei gleich großen positiven Ladungen. In Abb. 2.6c ist das elektrostatische Feld eines Plattenkondensators dargestellt. In dessen Innenbereich ist das Feld homogen, im Außen- und Randbereich inhomogen.

Der Zusammenhang zwischen elektrostatischer Kraft und elektrostatischer Feldstärke ist nach Gl. (2.4) linear. Daher kann das elektrostatische Feld einer Anordnung von mehreren diskreten Ladungen mit dem **Superpositionsprinzip** *(Überlagerungsprinzip)* ermittelt werden. Dabei wird das resultierende Feld von mehreren Ladungen durch *vektorielle Addition der Kräfte der einzelnen Ladungen in jedem Raumpunkt* gewonnen. Um das Feldbild grafisch zu konstruieren, wird an verschiedenen Raumpunkten die Vektorsumme der Felder der einzelnen Ladungen gebildet. Die Feldstärkevektoren der einzelnen Ladungen addieren sich vektoriell zum Feldstärkevektor der gesamten Ladungsanordnung.

$$\vec{E}_{\text{ges}} = \vec{E}_1 + \vec{E}_2 + \ldots + \vec{E}_n \tag{2.8}$$

Somit ist der Zusammenhang zwischen einer Ladungsverteilung und der Verteilung der elektrischen Feldstärke eindeutig. Aus einer bekannten Ladungsverteilung kann in jedem Raumpunkt die elektrische Feldstärke bestimmt werden. Umgekehrt kann aus einem bekannten elektrischen Feld eindeutig die Ladungsanordnung berechnet werden. Ein Beispiel für die vektorielle Addition der Komponenten der elektrischen Feldstärke von zwei Punktladungen zeigt Abb. 2.7.

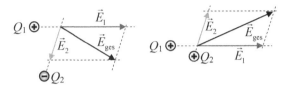

**Abb. 2.7** Beispiel für die vektorielle Addition des elektrischen Feldes von zwei Punktladungen mit ungleichem (links) und mit gleichem (rechts) Vorzeichen

## 2.3.2  Strömungsfeld, Felder bewegter Ladungen

Bisher wurde die Elektrostatik mit ortsfesten Ladungen und ihren Feldern betrachtet. Im Folgenden wird das Feld der kollektiven Bewegung geladener Teilchen behandelt. Das elektrische Feld **bewegter** elektrischer Ladungen bezeichnet man als elektrisches **Strömungsfeld.** Dieses kann nur in elektrischen Leitern existieren, die beliebig ausgebildet sein können (linienhaft, flächenhaft, räumlich). Im Gegensatz dazu kann das elektrostatische Feld nur in einem Nichtleiter bestehen. Hier erfolgt eine Beschränkung auf den speziellen Fall des **stationären elektrischen Strömungsfeldes.** Eine solche Strömung entsteht, wenn die Ladungsträgerbewegung auf eine **Gleichspannung** zurück geht. Wie in der Elektrostatik sind dann auch im elektrischen Strömungsfeld alle Größen zeit*u*nabhängig. Das stationäre elektrische Strömungsfeld beschreibt die Ladungsbewegung mit ihren Wirkungen im elektrischen Leiter im Gleichstromfall. In diesem Fall entstehen keine induzierten Spannungen, jedoch tritt ein Magnetfeld auf. Somit gilt: Elektrische Strömungsfelder und magnetische Felder treten immer gleichzeitig auf. **Bewegte Ladungen verursachen** grundsätzlich **sowohl elektrische als auch magnetische Felder.**

Ist eine *Wechselspannung* die Ursache für eine Bewegung der Ladung, so entstehen *zeitlich veränderliche Felder.* Sie werden durch zeitlich veränderliche Feldgrößen beschrieben. Die fließenden Ströme sind zeitlich veränderlich und es treten *induzierte Spannungen* auf. Elektrisches und magnetisches Feld sind bei zeitlich veränderlichen Feldern miteinander verknüpft. In der Elektrodynamik werden beide zum *elektrodynamischen Feld* zusammengefasst. **Ist ein elektrisches Feld zeitlich veränderlich, so erzeugt es immer ein Magnetfeld. Ein zeitlich veränderliches Magnetfeld ist immer die Ursache für ein elektrisches Feld.**

Bei hohen Frequenzen mit hohen Änderungsgeschwindigkeiten der Feldgrößen entstehen elektromagnetische Wellen, die sich im Raum ausbreiten.

Das stationäre Strömungsfeld hat eine konstante Stromstärke $I$ und wird durch die ortsabhängige Feldgröße des **Stromdichtevektors** $\vec{S}$ beschrieben. Es ist quellenfrei, der Stromfluss erfolgt immer in einem geschlossenen Umlauf entsprechend dem Ladungserhaltungssatz.

Um das elektrische Strömungsfeld näher erläutern zu können, müssen in Kap. 3 zuerst die Begriffe Spannung, Stromstärke, Stromdichte usw. betrachtet werden.

### 2.3.3 Stoffe im elektrostatischen Feld

#### 2.3.3.1 Nichtleiter im elektrostatischen Feld, Polarisation

Ist die Ursache für ein elektrostatisches Feld mehr als eine einzige Ladung, so kann sich das Feld nur dann ausbilden, wenn sich zwischen den felderzeugenden Ladungen ein Isolierstoff befindet. In einem Leiter würde es ja sofort zu einem Ladungsausgleich kommen. Ein typisches Beispiel für einen Isolator zwischen Ladungen ist der nicht leitende Stoff zwischen den beiden metallischen Elektroden eines Kondensators. Ein solcher Isolierstoff wird als **Dielektrikum** bezeichnet. Dielektrika können in *unpolare* und *polare* Stoffe eingeteilt werden.

Die Moleküle von polaren Werkstoffen wie Wasser, Polyester oder Polycarbonat stellen bereits durch ihren Aufbau Dipole dar. In solchen *polaren Dielektrika* sind die Dipolmomente (die Ausrichtungen der Dipole) *ohne* elektrisches Feld *unregelmäßig* verteilt (ohne Vorzugsrichtung). Ist ein elektrostatisches Feld vorhanden, so richten sich die Dipole in Feldrichtung aus, sie ordnen sich parallel zum elektrischen Feld an. Diese Ausrichtung wird als **Orientierungspolarisation** (Dipolpolarisation) bezeichnet. Die Zeitspanne die vergeht, bis sich die Dipole in Feldrichtung ausgerichtet haben, heißt *Relaxationszeit*[2].

Da jetzt die Dipole gedreht und regelmäßig angeordnet sind, entsteht im Dielektrikum ein zum äußeren Feld entgegengesetzt gerichtetes Polarisationsfeld, welches das äußere Feld schwächt. Innerhalb des polaren Dielektrikums ist das elektrische Feld also schwächer als das Feld ohne Dielektrikum.

Eine zweite Art von Polarisation ist die **Elektronenpolarisation.** Bei ihr werden durch die Kraftwirkung des elektrischen Feldes die Schwerpunkte der Ladungen von Elektronenwolke und Atomkern so gegeneinander verschoben, dass Dipole entstehen. Es erfolgt also eine Deformation der Elektronenhülle.

Eine dritte Art der Polarisation ist die **Ionenpolarisation.** Bei Ionenkristallen (z. B. Keramik) ist der Werkstoff polar. Durch ein elektrisches Feld werden die positiven und negativen Ionen im Kristallgitter in entgegengesetzte Richtungen verschoben, das Kristallgitter wird deformiert. Es ist ersichtlich:

**Die Polarisation von Materie ist immer mit einer Verschiebung von Ladungen verbunden.**

---

[2]Unter Relaxation versteht man in der Physik eine zeitlich verzögerte Reaktion eines Systems auf eine äußere Einwirkung oder auf deren Entfallen mit einer dadurch verursachten Nachwirkung. Die verzögerte Rückkehr eines gestörten oder angeregten Systems in seinen Gleichgewichtszustand aufgrund innerer, dissipativer Prozesse (Reibung, elektrische Verluste) ist ein Relaxationsvorgang. Relaxationsvorgänge sind häufig durch ein exponentielles Zeitverhalten gekennzeichnet. Die Zeitspanne bis zum Einstellen eines stationären Zustandes im Gleichgewicht ist die Relaxationszeit.

Bei zeitlich veränderlichen elektrischen Feldern folgt die Polarisation einem Wechsel des Feldes umso leichter, je leichter eine Ladungsverschiebung erfolgen kann. Die Elektronenpolarisation ist deshalb bis zu hohen Frequenzen wirksam.

Die Kapazität eines Kondensators ist umso größer, je stärker die Polarisation im Dielektrikum ist. Die Stärke der Polarisation hängt von der Stoffart ab. Dies wird durch die **Dielektrizitätskonstante** *(Dielektrizitätszahl)* $\varepsilon$ eines Stoffes ausgedrückt. Für das *Vakuum* als Dielektrikum ist $\varepsilon_0$ die Dielektrizitätskonstante, deren Wert ist:

$$\underline{\varepsilon_0 = 8{,}854 \cdot 10^{-12} \, \frac{As}{Vm}} \qquad (2.9)$$

Für einen beliebigen Stoff gilt:

$$\underline{\varepsilon = \varepsilon_0 \cdot \varepsilon_r} \qquad (2.10)$$

Die *Permittivitätszahl* $\varepsilon_r$ ist einheitenlos, ihr Wert ist je nach Polarisationseigenschaft des Dielektrikums unterschiedlich. Tab. 2.1 enthält die Permittivitätszahlen von einigen Stoffen.

Anschaulich kann man sagen, $\varepsilon_r$ gibt an, wie gut das elektrische Feld von einem Stoff „weitergeleitet" wird.

Die Dichte der Feldlinien im elektrostatischen Feld entspricht der elektrischen *Flussdichte D* (früher Verschiebungsdichte). Die Flussdichte wird auch *Flächenladungsdichte* genannt (Abschn. 3.2.3), sie beschreibt die ladungstrennende Wirkung des elektrostatischen Feldes. $D$ ist gegeben durch die Ladung pro Fläche und ist ein Maß dafür, wie stark ein elektrisches Feld eine Fläche durchsetzt.

$$\underline{D = \frac{Q}{A} = \sigma \, ; \; [D] = \frac{As}{m^2}} \qquad (2.11)$$

Die *Materialgleichung des elektrischen Feldes* (**elektrische Materialgleichung**) verknüpft Feldstärke $E$ und Flussdichte $D$:

$$\underline{D = \varepsilon \cdot E} \qquad (2.12)$$

Befinden sich zwei verschiedene Materialien in einem elektrischen Feld, so beginnen und enden die Feldlinien an der Grenzfläche zwischen den beiden Stoffen. Dies bedeutet:

**Tab. 2.1** Permittivitätszahlen einiger Stoffe

| Stoff | Permittivitätszahl $\varepsilon_r$ |
|---|---|
| Vakuum | 1,000 |
| Luft | 1,006 |
| Glimmer | 5....9 |
| Wasser, destilliert | 81 |
| Bariumtitanat | 1000....2000 |
| Keramikmassen | <4000 |

Die *elektrische Feldstärke E* kann sich an der *Grenzfläche sprunghaft ändern*, die elektrische *Flussdichte D bleibt* jedoch über die Grenzfläche hinweg *konstant*.

### 2.3.3.2 Leiter im elektrostatischen Feld, Influenz

Ein leitendes Material (z. B. ein Metall) enthält eine große Anzahl freier Elektronen. Ist kein äußeres elektrisches Feld vorhanden, so kompensieren sich die Felder aller Ladungen (positive Ionen und Elektronen) gegenseitig. Wir betrachten nun einen Doppelkörper aus zwei sich flächig berührenden Metallplatten. Ohne äußeres elektrisches Feld sind die Elektronen regellos zwischen den Ionen verteilt. In einem homogenen elektrischen Feld wandern die freien Elektronen durch die Feldkraft entgegengesetzt zur Feldrichtung und sammeln sich in derjenigen Metallplatte, die dem Feldursprung zugewandt ist. *In dem Doppelkörper findet eine Ladungstrennung statt.* In der einen Platte sammeln sich Elektronen an, in der anderen verbleiben positive Ladungsträger. Durch diese Ladungsverschiebung entsteht im Doppelkörper ein neues elektrisches Feld, es zeigt von von den positiven zu den negativen Ladungsträgern und ist somit entgegengesetzt zum äußeren Feld gerichtet. Der Vorgang der Ladungsverschiebung erfolgt, bis äußeres und inneres Feld gleich groß sind und sich kompensieren. Das gesamte äußere elektrostatische Feld wird als **elektrischer Fluss** (**Verschiebungsfluss**) bezeichnet. Dieser Fluss verschiebt im Doppelkörper eine Ladung, die der Ladung als Ursache des äußeren Feldes entspricht. Somit kann die Größe des Verschiebungsflusses mit der zugehörigen Ladung gleichgesetzt werden.

$$\underline{\underline{\Psi = Q}} \quad [\Psi] = \mathrm{A} \cdot \mathrm{s} = \mathrm{C} \tag{2.13}$$

Der Verschiebungsfluss ist im elektrostatischen Feld ein *angenommener* Fluss, es fließen keine Ladungsträger wie bei einem Leitungsstrom. Die Definition des Verschiebungsflusses erfolgt analog zum Stromfluss von Ladungsträgern. Dadurch können dort verwendete Berechnungsverfahren auch beim elektrostatischen Feld angewendet werden.

Werden beide Metallplatten des Doppelkörpers *im* elektrischen Feld voneinander *getrennt,* ist die eine Platte negativ, die andere positiv geladen. Der Raum zwischen beiden getrennten Platten ist feldfrei. Werden die beiden getrennten Platten aus dem äußeren Feld heraus genommen oder dieses abgeschaltet, so bleiben die Ladungen von beiden Platten erhalten, da sie nicht abfließen können. Diese im elektrischen Feld auftretende Ladungstrennung wird als **elektrische Influenz** bezeichnet. Die beschriebene Vorgehensweise ist bekannt als *Influenzversuch*.

## 2.3.4 Magnetostatisches Feld

### 2.3.4.1 Einige Grundlagen zum Magnetismus

- Ein elektrisches Feld übt eine Kraft auf elektrische Ladungsträger aus. Ähnlich wird durch ein magnetisches Feld eine Kraft auf einen Probemagneten ausgeübt.

- Ein Magnet hat immer einen Nordpol (N) und einen Südpol (S). Es sind die Gebiete der stärksten Anziehung bzw. Abstoßung.
- Einen magnetischen Einzelpol (Monopol) gibt es nicht.
- Ungleichnamige magnetische Pole ziehen sich an, gleichnamige stoßen sich ab.
- Das magnetische Feld wird ebenso wie das elektrische Feld durch Feldlinien dargestellt, deren Richtung mit der örtlichen Vektorrichtung (Kraftrichtung) des Feldes und deren Liniendichte mit dem Betrag der örtlichen Feldstärke übereinstimmen.
- Magnetische Feldlinien sind immer *in sich geschlossen*. Ein Magnetfeld ist ein quellenfreies Wirbelfeld.
- Ein Permanentmagnet hat ein dauerhaftes Magnetfeld.
- Die Feldlinien verlaufen bei einem Stabmagneten außerhalb des Magneten vom magn. Nordpol zum magn. Südpol und innerhalb des Magneten vom Süd- zum Nordpol (Abb. 2.8a). Merkregel: **S**üdpol wie **S**enke = Eintritt der Feldlinien.
- Wird ein Stabmagnet mechanisch geteilt, so erhält man wieder einen magnetischen Dipol, aber mit schwächerer Feldstärke. Dies ist theoretisch bis zu den Elementardipolen (Atomen) fortsetzbar.
- Das Magnetfeld eines Hufeisenmagneten (Permanentmagnet) ist zwischen den Schenkeln homogen, im Randbereich inhomogen (Abb. 2.8b).
- Ein **fließender elektrischer Strom erzeugt immer ein Magnetfeld.**
- Ein Permanentmagnet kann durch starke mechanische Erschütterungen (Hammerschläge) oder durch hohe Temperatur entmagnetisiert werden.
- In den *Weiss'schen Bezirken* (Größe: $\mu$m bis mm) sind viele Elementarmagnete gleich ausgerichtet.
- Die Übergangszonen zwischen den Weiss'schen Bezirken heißen *Blochwände*.

Die Feldgrößen des magnetostatischen Feldes sind ähnlich definiert wie die des elektrostatischen Feldes (Tab. 2.2).

**a**

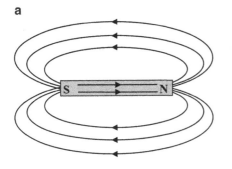

**b**

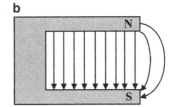

homogenes (gleichmäßiges) Feld zwischen den Schenkeln (parallele Feldlinien)

**Abb. 2.8** Feldlinienbilder von Permanentmagneten, Stabmagnet (**a**) und Hufeisenmagnet (**b**)

**Tab. 2.2** Feldgrößen des magnetostatischen Feldes

| Feldgröße | $E$-Feld | $H$-Feld |
|---|---|---|
| Feldstärke | $E$ in $\frac{V}{m}$ | $H$ in $\frac{A}{m}$ |
| Flussdichte | $D$ in $\frac{As}{m^2}$ | $B$ in $\frac{Vs}{m^2}$ |
| Feldkonstante | $\varepsilon = \varepsilon_0 \cdot \varepsilon_r; [\varepsilon_0] = \frac{As}{Vm}$ | $\mu = \mu_0 \cdot \mu_r; [\mu_0] = \frac{Vs}{Am} = \frac{\Omega s}{m}$ |

### 2.3.4.2 Durchflutung

Da in der Umgebung eines stromdurchflossenen Leiters immer ein Magnetfeld auftritt, wirkt eine von Gleichstrom durchflossene Spule als Elektromagnet. Die magnetische Wirkung einer Spule ist zu ihrer Windungszahl $N$ und dem durch sie fließenden Strom $I$ direkt proportional. Das folgende Produkt ist die magnetische *Durchflutung*:

$$\underline{\underline{\Theta = N \cdot I}} \tag{2.14}$$

$\Theta$ = Durchflutung in Ampere*windungen* A, $[\Theta] = $ A; nicht verwechseln mit dem Einheitenzeichen der Stromstärke „A" für Ampere,

$N$ = Windungszahl der Spule,

$I$ = Stromstärke in Ampere.

*Allgemein* ist die Durchflutung $\Theta$ einer Fläche im Raum:

$$\Theta = \iint\limits_A \vec{S} \bullet d\vec{A} \tag{2.15}$$

$\Theta$ = Durchflutung in Ampere*windungen* A,

$S$ = Stromdichte in A$/$m$^2$,

$A$ = Fläche in m$^2$.

### 2.3.4.3 Magnetische Feldstärke

Die magnetische Feldstärke $H$ ist umso kleiner, je weiter Nord- und Südpol einer Spule voneinander entfernt liegen, also je länger die Spule ist. So ergibt sich (2.16) für die *Feldstärke H im Inneren* einer langen Zylinderspule (Abschn. 2.3.6.2):

$$\underline{\underline{H = \frac{\Theta}{l} = \frac{N \cdot I}{l}}} \tag{2.16}$$

$H$ = magnetische Feldstärke in A$/$m,

$\Theta$ = Durchflutung in Ampere*windungen* A,

$N$ = Windungszahl der Spule,

$I$ = Stromstärke in Ampere,

$l$ = Länge der Spule in Meter.

### 2.3.4.4 Magnetischer Fluss

Der magnetische Fluss $\Phi$ gibt an, wie stark ein Magnetfeld eine Fläche einer bestimmten Größe durchsetzt. Wird der magnetische Fluss auf die Flächeneinheit Quadratmeter bezogen, so erhält man die *magnetische Flussdichte B* (früher als *magnetische Induktion* bezeichnet). Für ein *homogenes* Magnetfeld gilt:

$$\underline{\underline{\Phi = B \cdot A \cdot \cos(\alpha)}} \tag{2.17}$$

$$[\Phi] = \mathrm{Tm}^2 = \mathrm{Vs} = \mathrm{Wb(Weber)} \tag{2.18}$$

$$[B] = \frac{\mathrm{Vs}}{\mathrm{m}^2} = \mathrm{T \ (Tesla)} \tag{2.19}$$

$\Phi$ = magnetischer Fluss in Vs = Wb (Weber),
$B$ = magnetische Flussdichte in $\frac{\mathrm{Vs}}{\mathrm{m}^2}$ = T (Tesla),
$A$ = Größe der Fläche in $\mathrm{m}^2$, durch die das Magnetfeld hindurchtritt (z. B. Querschnittsfläche einer Zylinderspule),
$\alpha$ = Winkel zwischen der Flächennormalen und den Feldlinien.

Ist das Magnetfeld *inhomogen,* so gilt das Flächenintegral:

$$\Theta = \iint_A \vec{B}(A') \bullet \overrightarrow{dA'} \tag{2.20}$$

Für ein *homogenes* Magnetfeld gilt weiterhin:

$$\underline{\underline{\Psi = N \cdot \Phi}} \tag{2.21}$$

$\Psi$ = Flussumschlingung (auch verketteter magnetischer Fluss, Verkettungsfluss, Induktionsfluss) in A = Ampere*windungen*,
$N$ = Windungszahl der Spule,
$\Phi$ = magnetischer Fluss in Vs = Wb (Weber).

### 2.3.5   Stoffe im magnetostatischen Feld

Die *Materialgleichung des magnetischen Feldes* (**magnetische Materialgleichung**) verknüpft Feldstärke $H$ und Flussdichte $B$:

$$\underline{\underline{B = \mu_0 \cdot \mu_r \cdot H}} \tag{2.22}$$

$$\underline{\underline{\mu_0 = 4 \cdot \pi \cdot 10^{-7} \frac{\mathrm{Vs}}{\mathrm{Am}} \left( \frac{\Omega \, \mathrm{s}}{\mathrm{m}} = \frac{\mathrm{H}}{\mathrm{m}} \right)}} \tag{2.23}$$

$B$ = magnetische Flussdichte in $\text{Vs}/\text{m}^2 = \text{T}$ (Tesla),

$\mu_0$ = magnetische Feldkonstante (Permeabilitätskonstante des Vakuums),

$\mu_r$ = Permeabilitätszahl (relative Permeabilität), einheitenlos,

$H$ = magnetische Feldstärke in $\text{A}/\text{m}$

Anschaulich:

*Die Permeabilitätszahl $\mu_r$ gibt an, wie gut ein Material das Magnetfeld „leitet".*

Bei gleicher magnetischer Feldstärke $H$ wird die magnetische Flussdichte $B$ durch ein Kernmaterial (z. B. einer Spule) um den Faktor $\mu_r$ gegenüber dem Vakuum erhöht.

### 2.3.5.1  Einteilung magnetischer Stoffe

Stoffe werden mit ihren magnetischen Eigenschaften in *diamagnetisch*, *paramagnetisch* und *ferromagnetisch* eingeteilt. Bei einem diamagnetischen Stoff ist die Permeabilitätszahl $\mu_r$ ein klein wenig kleiner als eins, ein Magnetfeld wird durch solche Stoffe *abgeschwächt*. Bei einem paramagnetischen Stoff ist $\mu_r$ ein wenig größer als eins, der Magnetismus wird durch solche Stoffe nur sehr *wenig verstärkt*. Ein ferromagnetischer Stoff hat eine Permeabilitätszahl $\mu_r \gg 1$, der *Magnetismus* ist bei solchen Stoffen *sehr stark ausgeprägt*. Da der Ferromagnetismus technisch sehr bedeutend ist, wird er in Abschn. 2.3.5.2 beschrieben.

Tab. 2.3 enthält die Permeabilitätszahlen von einigen Stoffen.

### 2.3.5.2  Ferromagnetismus

Durch die Materialgleichung Gl. (2.22) wird ein linearer Zusammenhang zwischen Feldstärke $H$ und Flussdichte $B$ beschrieben. Bei ferromagnetischen Stoffen verliert dieser Zusammenhang mit zunehmender Feldstärke seine Gültigkeit. Der Zusammenhang zwischen der Flussdichte $B$ und der Feldstärke $H$ wird mit steigendem $H$ nichtlinear. Die Permeabilitätszahl hängt von der Feldstärke ab, es ist: $\mu_r = f(H)$. $\mu_r$ wird mit zunehmender Feldstärke $H$ kleiner. Als *Magnetisierungskennlinie* wird die grafische Darstellung der Abhängigkeit $B(H) = \mu_0 \cdot \mu_r(H) \cdot H$ bezeichnet (Abb. 2.9).

**Tab. 2.3** Permeabilitätszahlen einiger Stoffe

| Stoff | Permeabilitätszahl $\mu_r$ | Einteilung |
|---|---|---|
| Kupfer | 0,999990 | Diamagnetisch, $\mu_r < 1$ |
| Silber | 0,999975 | |
| Zink | 0,999988 | |
| Aluminium | 1,0000208 | Paramagnetisch, $\mu_r > 1$, aber klein |
| Luft | 1,0000004 | |
| Tantal | 1,000018 | |
| Ferrite | 2000 bis 3000 | Ferromagnetisch, $\mu_r \gg 1$ |
| Eisen | 3000 bis 20.000 | |
| Eisen-Nickel-Legierungen | 12.000 bis 1.000.000 | |

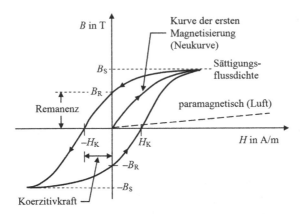

**Abb. 2.9** Magnetisierungskennlinie eines ferromagnetischen und eines paramagnetischen Stoffes

Bei der ersten Magnetisierung eines ferromagnetischen Stoffes durchläuft die Funktion $B(H)$ die Kurve der ersten Magnetisierung *(Neukurve)* bis zur Sättigung. Dann sind praktisch alle *Weiss'schen Bezirke* gleich ausgerichtet. Die Sättigung ist bei der *Sättigungsflussdichte* $B_S$ erreicht, eine stärkere Magnetisierung ist nicht möglich. Wird anschließend die Feldstärke $H$ auf null verringert, so bleibt im Material eine bestimmte magnetische Flussdichte $B_R$ erhalten, sie wird *Remanenzflussdichte* genannt. Das Material bleibt somit zu einem Teil magnetisiert. Um die Remanenz zu beseitigen, muss eine Feldstärke mit umgekehrtem Vorzeichen $-H_K$, z. B. durch einen Strom in umgekehrter Flussrichtung, erzeugt werden. Diese, zur vollständigen Entmagnetisierung erforderliche Feldstärke, wird *Koerzitivfeldstärke* genannt. Magnetisiert man in diese Richtung weiter, so erhält man bei $-B_S$ wieder die Sättigung, und über $-B_R$ wiederholt sich der Vorgang. Die in sich geschlossene Magnetisierungskennlinie in Abb. 2.9 wird als *Hystereseschleife* bezeichnet. Allgemein: Bei einer *Hysterese* besteht grundsätzlich eine *Differenz zwischen zwei Umschaltpunkten.*

Bei Wechselstrom wird die Hystereseschleife ständig durchlaufen, da sich Größe und Richtung der Feldstärke periodisch ändern.

Der Flächeninhalt der Hystereseschleife ist vom Material abhängig. *Leicht ummagnetisierbare* Stoffe werden als *magnetisch weich* bezeichnet, sie haben eine *schmale* (schlanke) *Hystereseschleife*. Die beim Ummagnetisieren entstehenden Wärmeverluste sind klein. Dazu gehört z. B. Blech aus Silizium-Stahl. Weichmagnetische Stoffe werden z. B. in Transformatoren und anderen elektrischen Maschinen verwendet. Stoffe mit *breiter Hystereseschleife* werden als *magnetisch hart* bezeichnet, sie sind *schwer ummagnetisierbar*. Die beim Ummagnetisieren entstehenden Wärmeverluste sind groß. Zu diesen Stoffen gehören z. B. Stahl V2A, Eisen, Nickel-Kobalt-Legierungen. Anwendungen sind z. B. Dauermagnete.

Beim *Ummagnetisieren* entstehen *Wärmeverluste (Ummagnetisierungsverluste)*, sie sind dem *Flächeninhalt der Hystereseschleife proportional*. Diese *Eisenverluste* $P_{VFe}$

kann man einteilen in *Hystereseverluste* $P_{VH}$ und *Wirbelstromverluste* $P_{VW}$. Die Eisenverluste sind die Summe der Hysterese- und Wirbelstromverluste: $P_{VFe} = P_{VH} + P_{VW}$.

**Hystereseverluste**

Die Übergangszonen der Weiss'schen Bezirke werden durch die Blochwände voneinander getrennt. Der Übergang der Magnetisierungsrichtung eines Bereiches in den nächsten erfolgt also nicht sprungartig, sondern verläuft über einen Wandbereich mit endlicher Ausdehnung, in der ein kontinuierlicher Übergang von einer in die andere Magnetisierungsrichtung stattfindet. Innerhalb der Blochwände orientieren sich die Atommagnete in einer helixartigen Linie in einem allmählichen Übergang ihrer magnetischen Orientierung in die Richtung des benachbarten Weiss'schen Bezirkes. – Beim Ummagnetisieren geht ein Teil der Energie, die für die Umorientierung der Molekularmagnete erforderlich ist, irreversibel in Wärme über. Die Hystereseverluste sind proportional zum Flächeninhalt der Hystereseschleife.

**Wirbelstromverluste**

Ein weiterer Grund für die Wärmeverluste sind *Wirbelströme* (Wirbelstromverluste). Durch Magnetfeld*änderungen* werden in Metallteilen Spannungen induziert, die durch den niedrigen ohmschen Widerstand der Metallteile Kurzschlussströme bilden. Da die Stromwege dabei nicht genau festliegen, deshalb spricht man von Wirbelströmen. Damit die Wärmeverluste durch Wirbelströme möglichst klein bleiben, werden bei Transformatoren die Eisenkerne in gegenseitig isolierte Bleche unterteilt.

## 2.3.6 Beispiele magnetischer Felder

### 2.3.6.1 Magnetfeld eines stromdurchflossenen Leiters

*Bewegte elektrische Ladung ruft immer ein Magnetfeld hervor.* Ein gerader, stromdurchflossener Leiter ist von einem ringförmigen Magnetfeld umgeben. Die Richtung des Magnetfeldes ist von der Stromrichtung abhängig. Wenn der abgespreizte Daumen der rechten Hand in die *technische* Stromrichtung (von Plus nach Minus) zeigt, so zeigen die gekrümmten Finger, die den Leiter umschließen, in Richtung des Magnetfeldes (Abb. 2.10). Dies ist die **Rechte-Hand-Regel für Leiter.**

Der Leiter steht senkrecht zu der Ebene der konzentrischen, kreisförmigen Feldlinien. Das Magnetfeld ist in der Nähe des Leiters am stärksten und wird nach außen immer schwächer.

Die einzelnen Ringe in Abb. 2.10 stellen nur einen Ausschnitt des Magnetfeldes dar, welches den stromdurchflossenen Leiter umgibt. Eigentlich müsste man sich das Magnetfeld als unendlich viele konzentrische Zylinder vorstellen, welche den Leiter in seiner gesamten Länge umschließen. Je weiter man sich vom Leiter entfernt, umso schwächer ist die magnetische Kraftwirkung auf der Oberfläche eines dieser Zylinder.

Die Größe der Feldstärke $H$ im senkrechten Abstand $r$ vom Drahtmittelpunkt ist:

**Abb. 2.10** Magnetfeld eines geraden, stromdurchflossenen Leiters

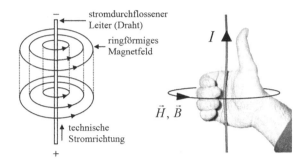

$$H = \frac{I}{2 \cdot \pi \cdot r}; \ [H] = \frac{\text{A}}{\text{m}} \tag{2.24}$$

$I$  =  Stromstärke durch den Leiter in Ampere,
$r$  =  Radius des Kreises um den Mittelpunkt des Leiters in einer Ebene senkrecht zum Leiter in Meter.

### 2.3.6.2 Magnetfeld der „langen" Zylinderspule

Eine Spule besteht aus mehreren Schleifen eines Leiters (gegeneinander isolierte Draht-windungen). Bei einer zylinderförmigen Drahtspule überlagern sich die Magnetfelder der einzelnen Drahtwindungen. Dadurch entsteht im *Inneren* der Spule ein *homogenes* Magnetfeld mit parallelen Feldlinien (vorausgesetzt die Spule ist lang genug). Das Magnetfeld ist dem eines Stabmagneten ähnlich (Abb. 2.8a). Eine Spule ist „lang", wenn gilt:

$$l \geq 5 \ldots 10 \cdot d \tag{2.25}$$

$l$  =  Länge der Spule,
$d$  =  Durchmesser der Spule.

Abb. 2.11 zeigt eine Spule mit der Definition ihrer Abmessungen.

Die Richtung des Magnetfeldes der Zylinderspule kann recht einfach mit der **Rech-te-Hand-Regel der Spule** angegeben werden. Wird eine Spule mit der rechten Hand so umfasst, dass die vier Finger in die technische Stromrichtung in den Spulenwindungen zeigen, so zeigt der abgespreizte Daumen in Richtung der Feldlinien des Magnetfeldes im *Inneren* der Spule (Abb. 2.12).

**Abb. 2.11** Definition von Länge und Durchmesser einer Zylinderspule

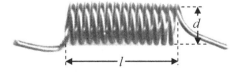

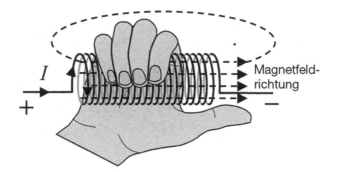

**Abb. 2.12**  Ermittlung der Magnetfeldrichtung im Inneren einer Zylinderspule

**Abb. 2.13**  Verlauf des
Magnetfeldes einer langen
Zylinderspule

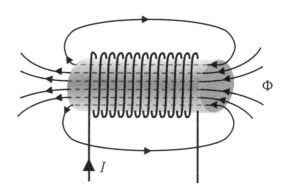

Das Magnetfeld einer langen Zylinderspule zeigt Abb. 2.13. Im *Außengebiet* einer Spule ist das Magnetfeld *inhomogen*. Die Feldlinien sind gekrümmt, Stärke und Richtung des Feldes sind ortsabhängig.

Für die Feldstärke *H* im *Inneren* der langen Zylinderspule gilt:

$$H = \frac{N \cdot I}{l}; \quad [H] = \frac{A}{m} \tag{2.26}$$

$N$  =  Anzahl der Spulenwindungen,
$I$  =  Stromstärke durch die Spule in Ampere,
$l$  =  Länge der Spule in Meter.

### 2.3.6.3 Magnetfeld der Toroidspule

Eine andere Form der Spule, die besonders in Klausuren häufig verwendet wird, ist die *Ringspule (Toroidspule)*, die meist auf einen Kern aus ferromagnetischem Material gewickelt ist (Abb. 2.14).

**Abb. 2.14**  Ringspule

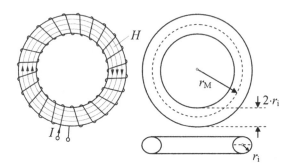

Angegeben werden hier meist folgende Größen: Permeabilitätszahl $\mu_r$ des ringförmigen Körpers, mittlerer Radius $r_M$ des Ringes, Radius $r_i$ des Ringes mit kreisrundem
Querschnitt, Anzahl der Drahtwindungen $N$, der in der Spule fließende Strom $I$.

Die magnetische Feldstärke $H$ entlang der Mittellinie des Rings (gestrichelte Kreis-
linie in Abb. 2.14) kann mit der Formel (2.26) für die lange Spule berechnet werden. Die
Länge $l$ der Spule wird über den Kreisumfang der Mittellinie $l = 2 \cdot \pi \cdot r_M$ bestimmt.

### 2.3.7  Magnetischer Kreis

Der magnetische Kreis dient zur kontrollierten Führung magnetischer Feldlinien, er ist
stets in sich geschlossen. Technische Anwendungen sind z. B. die Drosselspule mit Luftspalt in getakteten Netzteilen, der Transformator, der Elektromotor und der elektrische
Generator. Solche magnetischen Kreise bestehen meist aus ferromagnetischem Material
($\mu_r \gg 1$) mit einer oder mehreren stromdurchflossenen Wicklungen. Der Eisenkern kann
je nach Anwendung durch Luftspalte unterbrochen sein. Die Führung vom magnetischen
Fluss $\Phi$ (der Magnetfeldlinien) erfolgt überwiegend im Eisenkreis. Der magnetische
Kreis ist meist wesentlich länger als der Eisenquerschnitt. Das Magnetfeld im Eisen ist
daher annähernd homogen. Da der Luftspalt meist sehr schmal ist, kann das Magnetfeld im Luftspalt ebenfalls als homogen angesehen werden (magnetischer Fluss im Luftspalt = magnetischer Fluss im Eisen).

Bei diesen Gegebenheiten besteht eine völlige Analogie zwischen einem magnetischen Kreis und einem Gleichstromkreis. Alle Verfahren zur Berechnung von Gleich-
stromkreisen können dann auf die Berechnung eines magnetischen Kreises angewandt
werden, wenn dieser als linear betrachtet werden kann.

Wir gehen nun vom **Durchflutungsgesetz** aus, welches den Zusammenhang zwischen
der magnetischen Feldstärke $H$ und der felderzeugenden Stromstärke $I$ angibt. Es besagt
in allgemeiner Form (für ein *in*homogenes Magnetfeld): Das Umlaufintegral (Wegintegral) längs des geschlossenen Weges $s$ ist gleich der Summe der Ströme innerhalb der
geschlossenen Kurve.

$$\oint_C \vec{H} \bullet d\vec{s} = \sum I$$

$$(2.27)$$

Bei einer langen Zylinderspule umschließt das Feld $N$ gleichsinnigdurchflossene Leiter. Für $\sum I$ kann dann in (2.7) der Term $N \cdot I$ eingesetzt werden. Außerdem gilt nach Gl. (2.26) $N \cdot I = H \cdot l$ und nach Gl. (2.14) $N \cdot I = \Theta$ (Durchflutung). Es ergibt sich vereinfachend:

$$\oint_C \vec{H} \bullet d\vec{s} = N \cdot I = H \cdot l = \Theta = U_m \tag{2.28}$$

Die Größe $U_m$ (oft $V_m$ genannt) ist die *magnetische Umlaufspannung*. Sie entspricht in einer elektrischen Ersatzschaltung des magnetischen Kreises (Abb. 2.15) einer elektrischen Spannungsquelle und kann analog zur elektrischen Spannung zwischen zwei Punkten $U_{AB} = \int_A^B \vec{E}(s) \cdot d\vec{s}$ (siehe Gl. 3.85) allgemein beschrieben werden als *magnetische Spannung* (*Umlauf*spannung im Fall eines geschlossenen Weges):

$$U_m = \int_A^B \vec{H} \bullet d\vec{s} \tag{2.29}$$

Analog zum elektrischen Widerstand $R = U/I$ kann ein magnetischer Widerstand $R_m$ definiert werden:

$$R_m = \frac{U_m}{\Phi}; \quad [R_m] = \frac{1}{H} = \frac{1}{\Omega\,s} \tag{2.30}$$

Liegt in einem Volumen der Länge $l$ mit dem (abschnittsweise) konstanten Querschnitt $A$ und dem Material mit der (abschnittsweise) konstanten Permeabilitätszahl $\mu_r$ ein homogenes magnetisches Feld vor, so gilt:

$$R_m = \frac{l}{\mu_0 \cdot \mu_r \cdot A} = \rho_m \cdot \frac{l}{A} \tag{2.31}$$

Da der Ausdruck $R_m = \rho_m \cdot \frac{l}{A}$ der Formel $R = \rho \cdot \frac{l}{A}$ (Gl. 3.105) zu Berechnung des ohmschen Widerstandes eines Leiterstücks im Gleichstromkreis ähnlich sieht, wird $\rho_m$ als *spezifischer magnetischer Widerstand* bezeichnet. Bezüglich $R_m$ spricht man auch vom *ohmschen Widerstand des magnetischen Kreises*.

$$\Theta = R_m \cdot \Phi \tag{2.32}$$

wird als das *ohmsche Gesetz des magnetischen Kreises* bezeichnet.

**Abb. 2.15** Elektrische Ersatzschaltung eines magnetischen Kreises

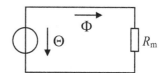

Mit dem magnetischen Widerstand ist die Induktivität einer langen Zylinderspule:

$$L = \frac{N^2}{R_\mathrm{m}} \tag{2.33}$$

Für einfache Berechnungen wird noch einmal auf die folgenden Formeln hingewiesen:

$$\Theta = U_\mathrm{m} = R_\mathrm{m} \cdot \Theta = N \cdot I = H \cdot l \tag{2.34}$$

$$\Phi = B \cdot A = \mu_0 \cdot \mu_\mathrm{r} \cdot H \cdot A \tag{2.35}$$

$$R_\mathrm{m} = \frac{l}{\mu_0 \cdot \mu_\mathrm{r} \cdot A} \tag{2.36}$$

$\Theta$ = Durchflutung in A (Amperewindungen),

$U_\mathrm{m}$ = magnetische Spannung bzw. Umlaufspannung in A (Amperewindungen),

$R_\mathrm{m}$ = magnetischer Widerstand in $1/\mathrm{H} = 1/\Omega\,\mathrm{s}$,

$\Phi$ = magnetischer Fluss in $\mathrm{Vs} = \mathrm{Wb}$ (Weber),

$N$ = Windungszahl,

$I$ = Stromstärke in A (Ampere),

$H$ = magnetische Feldstärke in A/m im Innern der langen Zylinderspule,

$l$ = mittlere Feldlinienlänge in m (Meter), Länge der Spule,

$B$ = Flussdichte = magnetische Induktion in $\mathrm{Vs}/\mathrm{m}^2 = \mathrm{T}$ (Tesla),

$A$ = vom Magnetfeld in Richtung der Flächennormalen durchsetzte Querschnittsfläche in $\mathrm{m}^2$,

$\mu_0$ = magnetische Feldkonstante $= 4 \cdot \pi \cdot 10^{-7}\,\mathrm{Vs}/\mathrm{Am}$,

$\mu_\mathrm{r}$ = Permeabilitätszahl.

# Grundlagen 3

## 3.1 Elektrische Ladung, Elektrizitätsmenge

Die Elektrizität ist an Ladungsträger gebunden. Mögliche Ladungsträger sind Elektronen und Ionen. Ionen sind Atome, Moleküle oder Molekülteile mit überschüssiger positiver oder negativer Ladung durch fehlende oder zusätzliche Elektronen. In der Halbleitertechnik werden auch Elektronenfehlstellen (bezeichnet als „Löcher") als Ladungsträger angesehen. Im Folgenden werden nur Elektronen als Ladungsträger behandelt.

Eine Ansammlung von Ladungsträgern bildet eine *Ladung*. Bewegen sich freie Elektronen zwischen den Atomrümpfen durch thermisch bedingte, ungeordnete Bewegungen in beliebig wechselnde Richtungen, so werden sie insgesamt als ruhend betrachtet, weil keine Bewegung in eine bestimmte Vorzugsrichtung auftritt, die ein Fließen von Elektronen darstellen würde.

Die *elektrische Ladung Q* eines Körpers ist ein *Maß für die Menge an überschüssigen positiven oder negativen Ladungsträgern.*

Die Wirkung eines Körpers auf andere Körper kann durch seinen Ladezustand, also durch seine elektrische Ladung $Q$ beschrieben werden.

Die *Elektrostatik* ist die Lehre von den *ruhenden* Ladungen und ihren Wirkungen, also von Ladungen, die sich nicht in eine Vorzugsrichtung bewegen und deren Anzahl sich mit der Zeit nicht ändert, deren Menge also statisch ist. Zur Elektrostatik gehören u. a.:

- das elektrostatische Feld (Ladungsfeld) mit dem elektrostatischen Potenzial,
- Effekte der dielektrischen Polarisation (Ladungsverschiebung) bei Isolatoren (Dielektrika),
- Phänomene bei der Influenz (Ladungstrennung) in Leitern.

© Springer Fachmedien Wiesbaden GmbH, ein Teil von Springer Nature 2021
L. Stiny, *Schnelleinführung Elektrotechnik,* https://doi.org/10.1007/978-3-658-28967-6_3

Die *Elektrodynamik* ist die Lehre von den *bewegten* (strömenden) Ladungen. Sie beschreibt zeitlich veränderliche elektromagnetische Felder und deren Wechselwirkungen mit ruhenden und bewegten elektrischen Ladungen.

Die elektrische Ladung tritt nur gequantelt *(wertdiskret)* auf. Elektrische Ladung ist immer ein ganzzahliges Vielfaches der Ladung eines Elektrons, der Elementarladung „*e*".

$$\underline{\underline{Q = \pm n \cdot e}} \text{ mit } n = 1,\ 2,\ 3, \ldots; \quad e = 1{,}602 \cdot 10^{-19}\,\text{C (coulomb)} \tag{3.1}$$

Die kleinsten Einheiten der Ladung sind die Ladung eines Elektrons $Q = -e$ und die Ladung eines Protons oder einer Elektronenfehlstelle (eines Lochs) mit $Q = +e$.

Die Einheit der elektrischen Ladung ist das Coulomb:

$$\underline{\underline{[Q] = 1\,\text{C (Coulomb)} = 1\,\text{A} \cdot \text{s}}} \tag{3.2}$$

Die Ladung $-1$ C entspricht ca. $6{,}24 \cdot 10^{18}$ Elektronen.

## 3.2   Ladungsverteilung

Eine Ladung kann punktförmig vorliegen, oder auf einer Linie, einer Fläche oder in einem Raumgebiet verteilt sein (Punkt-, Linien-, Flächen- oder Raumladung). Sind die Ladungen kontinuierlich verteilt, so können Verteilungsdichten (Ladungsdichten) angegeben werden.

### 3.2.1   Punktladung

Die Ladung $Q$ ist punktförmig idealisiert, die räumliche Größe ist null.

Es liegt eine kugelförmige Ladung mit verschwindend kleinem Radius vor. Ist die Ladungsmenge vernachlässigbar klein gegenüber anderen Ladungen, so wird $Q$ *Probeladung* genannt.

### 3.2.2   Linienladung

Die Ladung $Q$ ist entlang einer Linie mit der Länge $l$ verteilt, die *Linienladungsdichte* ist $\lambda$.

Bei einem Linienleiter ist der Leiterquerschnitt vernachlässigbar klein gegenüber der Leiterlänge. Ist die Ladung $Q$ über die Länge $l$ des Linienleiters *inhomogen* verteilt, so kann der Linienleiter in sehr kleine Stücke $\Delta l$ unterteilt werden. Die Teilladungen $\Delta Q$ auf den Teilstücken $\Delta l$ können jetzt als homogen verteilt betrachtet werden. Man erhält für $\lambda$:

$$\lambda = \lim_{\Delta l \to 0} \left( \frac{\Delta Q}{\Delta l} \right) = \frac{dQ}{dl}; \ [\lambda] = \frac{C}{m} \tag{3.3}$$

Ist die Ladung $Q$ über die Länge $l$ des Linienleiters *homogen* verteilt, so vereinfacht sich (3.3) zur konstanten Linienladungsdichte:

$$\lambda = \frac{Q}{l} \tag{3.4}$$

Wir betrachten einen beliebig gekrümmten Linienleiter mit dem Anfangspunkt $A$ und dem Endpunkt $B$. Die Ladungsverteilung $\lambda(\vec{r})$ längs der Kurve von $A$ nach $B$ ist bekannt. Die Gesamtladung $Q$ auf dem Linienleiter ergibt sich durch das Kurvenintegral (Linienintegral):

$$Q = \int_A^B \lambda(\vec{r}) \, dr \tag{3.5}$$

### 3.2.3 Flächenladung

Die Schichtdicke einer Flächenladung wird mit null angenommen. Ist die Ladung $Q$ auf einer Fläche der Größe $A$ *inhomogen* verteilt, so ist die *Flächenladungsdichte* $\sigma$:

$$\sigma = \lim_{\Delta A \to 0} \left( \frac{\Delta Q}{\Delta A} \right) = \frac{dQ}{dA}; \ [\sigma] = \frac{C}{m^2} \tag{3.6}$$

Ist die Ladung $Q$ über der Fläche $A$ *homogen* verteilt, so vereinfacht sich (3.6) zur konstanten *Flächenladungsdichte*:

$$\sigma = \frac{Q}{A} \tag{3.7}$$

Ist die Ladungsverteilung $\sigma(\vec{r})$ auf einer beliebig geformten Fläche $A$ bekannt, so ist die Gesamtladung $Q$ auf der Fläche zu berechnen mit einem *Oberflächenintegral:*

$$Q = \iint_A \sigma(\vec{r}) \, dA \tag{3.8}$$

### 3.2.4 Raumladung

Die Ladung $Q$ ist in einem Raumgebiet mit dem Volumen $V$ verteilt, die *Raumladungsdichte* ist $\rho$:

$$\rho = \lim_{\Delta V \to 0} \left( \frac{\Delta Q}{\Delta V} \right) = \frac{dQ}{dV}; \ [\rho] = \frac{C}{m^3} \tag{3.9}$$

Ist die Ladung $Q$ im Volumen $V$ *homogen* verteilt, so vereinfacht sich (3.9) zur konstanten Raumladungsdichte:

$$\rho = \frac{Q}{V} \tag{3.10}$$

Eine ortsabhängige Raumladungsdichte $\rho(\vec{r})$ beschreibt die Anordnung einer Ladung im Raum und charakterisiert eine Raumladungszone. Die Gesamtladung $Q$ einer Ladung, die im Raum entsprechend $\rho(\vec{r})$ verteilt ist, wird mit einem Volumenintegral berechnet:

$$Q = \iiint\limits_{V} \rho(\vec{r})\, dV \tag{3.11}$$

Umgekehrt lässt sich aus einer im Raumgebiet $V$ gegebenen Ladung $Q$ *nicht* deren Verteilung innerhalb von $V$ berechnen. Die Ortsfunktion $\rho(\vec{r})$ kann also aus $Q$ *nicht* bestimmt werden, da die Ladungs*verteilung* vom elektrischen Feld abhängt, das von $Q$ erzeugt wird.

## 3.3    Elektrischer Strom, Stromstärke

**Elektrischer Strom ist das Fließen von Ladungen.**

Wichtiges zur Sprechweise: **Strom fließt, Spannung liegt an** (zwischen zwei Punkten).

Tritt durch einen Leiterquerschnitt pro Zeitintervall $\Delta t$ die Ladungsmenge $\Delta Q$ hindurch, so fließt in dem Leiter die Stromstärke $I$.

$$I = \frac{\Delta Q}{\Delta t} = \frac{Q_1 - Q_2}{t_1 - t_2}; \quad [I] = \frac{C}{s} = \frac{A \cdot s}{s} = A \text{ (Ampere)} \tag{3.12}$$

Bei konstantem Strom fließt pro Zeitintervall immer die gleiche Ladungsmenge, das Bilden von Differenzen ($\Delta$) ist nicht nötig. Es gilt dann (bei *Gleichstrom*):

$$I = \frac{Q}{t} \tag{3.13}$$

Der Strom ist über die zeitliche Änderung der fließenden Ladungsmenge definiert. Im allgemeinen Fall ändert sich während jedes Zeitabschnitts $\Delta t$ die durch den Leiterquerschnitt hindurchtretende Ladungsmenge $\Delta Q$. Die Stromstärke wird dann ebenfalls von der Zeit abhängig. Die Differenzengleichung (3.12) wird dann zur Differenzialgleichung:

$$I(t) = \lim_{\Delta t \to 0} \frac{\Delta Q}{\Delta t} = \frac{dQ(t)}{dt} = \dot{Q}(t) \tag{3.14}$$

**Abb. 3.1** Zur Definition der
technischen Stromrichtung

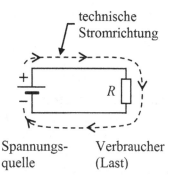

Für die gesamte im Zeitintervall $\Delta t$ transportierte Ladung $Q$ gilt:

$$Q = \int\limits_{t}^{t+\Delta t} I(t)\,dt \tag{3.15}$$

Innerhalb eines geschlossenen Stromkreises bewegen sich die Elektronen vom Minuspol der Spannungsquelle zu deren Pluspol. Die **technische Stromrichtung** (Abb. 3.1) ist entgegengesetzt zur Bewegungsrichtung der Elektronen definiert, sie verläuft *außerhalb* einer Spannungsquelle von deren Pluspol zum Minuspol.

### 3.3.1 Stromarten

#### 3.3.1.1 Driftbewegung von Ladungsträgern

Einführend betrachten wir die Bewegung freier Elektronen in einem Leiter. Wird freien Elektronen durch Erhöhung der Umgebungstemperatur thermische Energie zugeführt, so wird ihre kinetische Energie größer. Durch Wechselwirkungen (z. B. Stöße, Coulombkräfte) mit anderen Teilchen im Metall sind Richtung und Betrag der Geschwindigkeit der freien Elektronen rein zufällige Größen ohne bestimmten Mittelwert. Die Elektronen haben in ihrer Bewegung keine Vorzugsrichtung, somit fließt im Mittel auch kein Strom durch den Leiter. Durch die ungeordnete Wärmebewegung der Elektronen entsteht zwischen den Anschlüssen eines Leiters eine statistisch schwankende Spannung, die *thermische Rauschspannung*. Wird durch eine angeschlossene *Spannungsquelle* im Leiter ein elektrisches Feld erzeugt, so überlagert sich der ungeordneten thermischen Bewegung der Elektronen durch die Kraftwirkung des Feldes eine *gerichtete Komponente*. Diese bevorzugte Bewegungsrichtung kann durch Zufuhr von Energie aus der Spannungsquelle aufrechterhalten werden. Die insgesamt resultierende Bewegung wird als *Driftbewegung* bezeichnet. Die mittlere Geschwindigkeit der Elektronen in eine Vorzugsrichtung heißt *Driftgeschwindigkeit*. Durch die Driftbewegung ergibt sich eine transportierte Ladung, es fließt ein elektrischer Strom, der *Driftstrom*.

Da beim Aufladen eines Kondensators mit einer Gleichspannungsquelle *während* des Ladens ein Strom fließt, obwohl sich zwischen den Kondensatorelektroden ein Nichtleiter befindet, der Stromkreis also *nicht* geschlossen ist, werden die Stromarten *Leitungsstrom* und *Verschiebungsstrom* betrachtet.

### 3.3.1.2 Leitungsstrom

Der Leitungsstrom heißt auch *Konvektionsstrom* oder *Teilchenstrom*. Fließen Elektronen durch ein stromleitendes Material, z. B. ein Metallstück oder eine Drahtleitung, so wird der Strom als Leitungsstrom bezeichnet. Ein Leitungsstrom ist immer mit einem Transport von Materie, mit der Bewegung der Masse von Ladungsträgern verbunden.

### 3.3.1.3 Verschiebungsstrom

Außer dem Leitungsstrom, der durch bewegte Ladungsträger zustande kommt, gibt es auch einen elektrischen Strom, der ohne die Bewegung von Teilchen, also *ohne bewegte Masse* auftritt. Da keine materiellen Ladungsträger transportiert werden müssen, ist auch kein materieller Leiter (z. B. ein Metalldraht) zur Stromleitung nötig. Diese Stromart heißt *Verschiebungsstrom*, sie entspricht einem elektrischen Feld, das sich zeitlich ändert.

Wird ein Kondensator mit einer Gleichspannung aufgeladen, so fließen *während* des Ladens in den Zuführungsdrähten Elektronen zu den Elektroden des Kondensators. Die Spannungsquelle bewirkt einen Leitungsstrom, der an der einen Elektrode mit Elektronenmangel beginnt und an der Elektrode mit Elektronenüberschuss endet[1]. Ladungsträger werden von der und durch die Spannungsquelle auf die Kondensatorelektroden verschoben, an denen die Bewegung der Ladung endet. Auf den Kondensatorelektroden erfolgt eine Ladungsänderung, die in ihrer Größe der Ladungsbewegung pro Zeiteinheit in den Zuleitungsdrähten entspricht. Durch diese Ladungsänderung entsteht im Raum zwischen den Kondensatorelektroden ein sich zeitlich änderndes elektrisches Feld. Ein elektrisches Feld bewirkt in einem Dielektrikum eine Polarisation, eine Verschiebung von Ladungen (Abschn. 2.3.3.1). Diese Ladungsverschiebung kann als Fortsetzung des Leitungsstromes angesehen werden. Dadurch wird der Leitungsstrom durch den Nichtleiter des Dielektrikums hindurch zu einem geschlossenen Stromkreis ergänzt. Der Leitungsstrom setzt sich zwischen den Kondensatorelektroden als Verschiebungsstrom fort.

Der Verschiebungsstrom existiert nicht nur in einem Dielektrikum, in dem er anschaulich als Ladungsverschiebung erklärt werden kann, sondern auch im Vakuum, in dem er nicht mehr anschaulich deutbar ist.

Die beschriebenen Zustände bezüglich des Verschiebungsstromes gelten auch beim *Entladen* eine Kondensators und bei einem Kondensator im *Wechselstromkreis*. Mathematisch werden diese Phänomene durch die maxwellschen Gleichungen beschrieben.

---

[1]Bei Betrachtung der technischen Stromrichtung.

### 3.3.1.4 Diffusionsstrom, Feldstrom

In der Halbleitertechnik werden oft die Begriffe Diffusionsstrom und Feldstrom verwendet.

Die Bewegung einer Ladung kann auch ohne elektrisches Feld erfolgen, wenn zwischen zwei Orten ein *Konzentrationsunterschied* von Ladungsträgern (Anzahl der Teilchen pro Volumen) existiert. Die Natur ist bestrebt, solche örtlichen Konzentrationsunterschiede auszugleichen. Aus dem Gebiet der höheren Konzentration diffundieren Ladungsträger in das Gebiet mit niedrigerer Konzentration. Dieser Teilchenstrom, der durch Konzentrationsunterschiede hervorgerufen wird, heißt *Diffusionsstrom*. Das Ausgleichsbestreben und somit der Diffusionsstrom ist umso größer, je größer das Konzentrationsgefälle und je höher die Umgebungstemperatur ist.

Fließt ein Strom unter dem Einfluss eines elektrischen Feldes, so wird er als *Driftstrom* (*Feldstrom*) bezeichnet (Abschn. 3.3.1.1). Führen Diffusionsvorgänge in einem Halbleiter zu einem Potenzialgefälle durch Konzentrationsunterschiede von Ladungsträgern, so bewirkt das elektrische Feld eine Kraft auf die freien Ladungsträger. Der dadurch im Halbleiter fließende Strom heißt *Feldstrom*. *Die Richtung des Feldstromes ist im Halbleiter entgegengesetzt zur Richtung des Diffusionsstromes*. Kurz:

*Feldstrom*: Ladungen bewegen sich durch ein elektrisches Feld mit Driftgeschwindigkeit.

*Diffusionsstrom*: Dichteunterschiede werden durch thermische Zitterbewegungen abgebaut.

Anmerkung: Bei elektrischen Maschinen (Elektromotoren) spricht man ebenfalls von einem Feld- oder Erregerstrom.

## 3.4 Stromdichte

Nach dem Ladungserhaltungssatz können Ladungen weder aus dem Nichts entstehen noch verschwinden. Eine Ladung die in einen Leiter hinein fließt, muss an dessen Ende auch wieder heraus fließen. Dies gilt für jede Stelle eines Leiters, auch wenn sich sein Querschnitt ändert. Die Strom*stärke* ist somit an jeder Stelle eines Leiters gleich groß, auch wenn sich der Leiterquerschnitt über eine bestimmte Länge des Leiters verändert. Die Strom*dichte* ist allerdings vom Leiterquerschnitt abhängig. Die Strom*stärke* ist ein *Skalar*, die Strom*dichte* ist ein *Vektor*.

Betrachtet wird ein Flächenelement $A$ innerhalb eines gegebenen Materials, durch welches Ladungen hindurch treten. Verteilt sich der Strom $I$ gleichmäßig auf $A$ (konstanter Strom, homogener Ladungsfluss), so ist die Stromdichte $S$ der auf die Flächeneinheit entfallende Strom.

$$S(I) = \frac{I}{A}; \quad [S] = \frac{A}{m^2} = 10^{-6} \frac{A}{mm^2} \tag{3.16}$$

Der Stromfluss erfolgt dabei in Richtung der Flächennormalen des Flächenelementes $A$, d. h. der Stromdichtevektor ist parallel zur Senkrechten auf $A$. Ist dies nicht der Fall, so gilt:

$$S(I) = \frac{I}{A} \cdot \cos \alpha \qquad (3.17)$$

$\alpha =$ Winkel zwischen der Flächennormalen und der Richtung der Ladungsbewegung

Bei ungleichmäßiger Verteilung des Stromes über der Fläche $A$ gilt:

$$S(A) = \frac{dI(A)}{dA} \qquad (3.18)$$

In Umkehrung zu (3.18) gilt:

$$I = \oiint_A \vec{S} \bullet d\vec{A} \qquad (3.19)$$

Bei zu hoher Stromdichte schmilzt ein Leiter, er „brennt durch" (Prinzip der *Schmelzsicherung*).

## 3.5    Ladungserhaltung

### 3.5.1   Stationärer Fall

Betrachtet wird ein Raumgebiet $V$ mit der Hüllfläche $A$ (Abb. 3.2). Ist die Hüllfläche für Materie (folglich auch für Ladungsträger) undurchlässig, so wird $V$ als *abgeschlossenes System* bezeichnet. Wird innerhalb von $V$ eine Anzahl $n$ von Ladungen $Q_k$ betrachtet, die auch in irgend welchen Teilgebieten dieses Systems auf beliebige Weise verteilt sein können, gilt der **Ladungserhaltunssatz:**

**Abb. 3.2**  Die Änderung der Raumladung $Q$ in einem Volumen $V$ bedingt durch den Ladungsfluss $\vec{S}$ durch die Hüllfläche $A$ (Hüllenintegral der Stromdichte über eine geschlossene Fläche) im stationären Fall ist null.

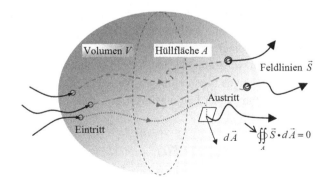

$$Q = \sum_{k=1}^{k=n} Q_k = \text{const.} \tag{3.20}$$

*Die gesamte Ladung $Q$ innerhalb des abgeschlossenen Volumens $V$ bleibt konstant.*
Innerhalb der Hüllfläche $A$ können **Ladungen weder erzeugt noch vernichtet** werden.

Wird die Ladungsverteilung in $V$ durch die ortsabhängige Raumladungsdichte $\rho(\vec{r})$
beschrieben, so gilt:

$$Q = \iiint\limits_{V} \rho(\vec{r})\, dV = \text{const.} \tag{3.21}$$

Im stationären Fall ergibt das *Hüllenintegral* der Stromdichte, ein vektorielles Oberflächenintegral über eine geschlossene Oberfläche (Flächenintegral zweiter Art, Flussintegral):

$$\sum I = \oiint\limits_{A} \vec{S} \bullet d\vec{A} = 0 \tag{3.22}$$

$I$   =    je nach Vorzeichen Strom in die Hülle hinein ($-I$) oder aus der Hülle heraus
      ($+I$),

$\vec{S}$   =    Vektor der Stromdichte,

$d\vec{A}$   =    vektorielles Flächenelement, parallel zum Normalenvektor und in Richtung
      Außenseite.

Ladungsträger, die in ein Volumen $V$ hineinfließen, fließen auch wieder heraus. Der
Gesamtstrom durch eine geschlossene Fläche (eine Hülle) ist null. Werden geladene
Teilchen erzeugt oder vernichtet (z. B. Generation, Rekombination bei Halbleitern), so
geschieht dies immer in gleicher Anzahl und mit entgegengesetztem Vorzeichen.

## 3.5.2   Nichtstationärer Fall

Bei zeitlich veränderlichen Strömen gilt $dI(t)/dt \neq 0$. Wie beim stationären Fall
betrachten wir wieder ein Raumgebiet $V$ mit der Hüllfläche $A$ und einer darin ent-
haltenen Ladung $Q$ (Abb. 3.3). Beim Volumen $V$ soll es sich jetzt aber *nicht* um ein
abgeschlossenes System handeln, sondern durch die Hüllfläche $A$ soll ein Ladungsfluss
möglich sein. Findet ein solcher Fluss einer Ladung durch $A$ hindurch statt (aus $V$ heraus
oder in $V$ hinein), so muss sich die Ladung in $V$ genau um den Anteil ändern, der durch
die Hüllfläche $A$ fließt. Eine zeitliche Änderung der Gesamtladung innerhalb einer Hüllfläche kann nur stattfinden, wenn ein Ladungstransport durch den Fluss von Ladungsträgern durch die Hüllfläche hindurch erfolgt. Da Ladung weder erzeugt noch vernichtet
werden kann, kann sich die Ladung innerhalb von $V$ nur durch Zufluss oder Abfluss von

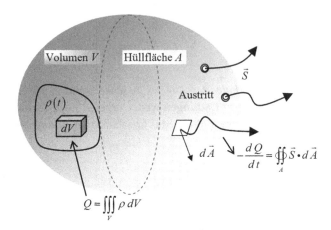

**Abb. 3.3** Änderung der Raumladung $Q$ im Volumen $V$ bedingt durch einen Ladungsfluss (Stromdichte $\vec{S}$) durch die Hüllfläche $A$ des Volumens

Ladung durch die raumeinhüllende Oberfläche ändern. Der aus $V$ über die Hüllfläche $A$ herausfließende Strom ist:

$$I = \oiint_A \vec{S} \bullet d\vec{A}$$
(3.23)

Der Strom ist definiert als Änderung der Ladung pro Zeiteinheit (Gl. 3.14). Somit muss der Strom in Gl. (3.23) gleich sein der *Abnahme* der Ladungsmenge pro Zeiteinheit in $V$. Für die Ladungsbilanz gilt die Gleichung:

$$\underbrace{-\frac{dQ(t)}{dt}}_{\substack{\text{Ladungsabnahme} \\ \text{im Volumen}}} = \underbrace{\oiint_A \vec{S} \bullet d\vec{A}}_{\substack{\text{Teilchenstrom aus} \\ \text{dem Volumen heraus}}}$$
(3.24)

Der Flächenvektor $d\vec{A}$ zeigt entsprechend der Übereinkunft bei *geschlossenen* Flächen aus dem Volumen *heraus*. Somit ist ein in das Volumen eintretender Fluss negativ und ein austretender Fluss positiv. Bei einer offenen Fläche kann die Richtung von $d\vec{A}$ frei gewählt werden.

Die gesamte Ladung einer im Raum verteilten Ladung ist:

$$Q = \iiint_V \rho(\vec{r})\, dV$$
(3.25)

Eingesetzt in Gl. (3.24) folgt:

$$-\frac{d}{dt} \iiint_V \rho(\vec{r})\, dV = \oiint_A \vec{S} \bullet d\vec{A}$$
(3.26)

Gl. (3.26) ist die **integrale Form der Kontinuitätsgleichung.**

Wenn wir voraussetzen, dass das Volumen $V$ bezüglich dem Bezugssystem ruht, kann die Zeitableitung unter das Integral gezogen werden. Nach dem Integralsatz von Gauß gilt:

$$\oiint_A \vec{S} \bullet d\vec{A} = \iiint_V \text{div}\left(\vec{S}\right) dV; \ \ \text{div} = \text{Divergenz} \tag{3.27}$$

In Worten: Der von der Ladung $Q$ im Volumen $V$ ausgehende Fluß $\vec{S}$ ist gleich der innerhalb der Hüllfläche $A$ des Volumens vorhandenen Ladung.

Damit wird aus Gl. (3.26):

$$\iiint_V \left[\text{div}\left(\vec{S}\right) + \frac{d\rho}{dt}\right] dV = 0 \tag{3.28}$$

Gl. (3.28) ist nur dann für alle Volumen $V$ erfüllt, wenn der Integrand verschwindet.

$$\underline{\text{div}\left(\vec{S}\right) + \frac{d\rho}{dt} = 0} \tag{3.29}$$

Gl. (3.29) ist die **differenzielle Form der Kontinuitätsgleichung.** Ihre Aussage ist: In einem Volumen kann sich die Ladungsdichte nur ändern, wenn durch die Hüllfläche des Volumens ein Strom zu- oder abfließt (Abb. 3.3).

## 3.6 Ladung, Strom und Kraft

### 3.6.1 Kraft zwischen ruhenden Ladungen

*Zwischen* ruhenden Ladungen wirken Kräfte (Abb. 3.4).

**Ladungen mit ungleichem Vorzeichen ziehen sich an, Ladungen mit gleichem Vorzeichen stoßen sich ab.**

Nach dem **coulombschen Gesetz** ist die Kraft entlang der Verbindungsgeraden zwischen zwei ruhenden Ladungen, die als *punktförmig* oder *kugelsymmetrisch* verteilt angenommen werden (skalare Form der Gleichung):

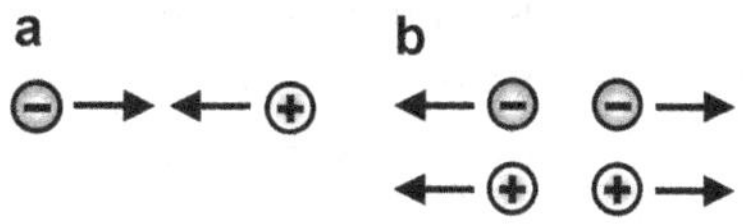

**Abb. 3.4** Anziehende (**a**) und abstoßende (**b**) Kräfte zwischen ruhenden Ladungen

$$F = \frac{1}{4 \cdot \pi \cdot \varepsilon_0 \cdot \varepsilon_r} \cdot \frac{Q_1 \cdot Q_2}{r^2} \tag{3.30}$$

| | | |
|---|---|---|
| $F$ | $=$ | Kraft zwischen den Mittelpunkten der Ladungen in N (Newton), |
| $\varepsilon_0 = 8{,}854 \cdot 10^{12} \, \frac{As}{Vm}$ | $=$ | elektrische Feldkonstante (Dielektrizitätskonstante des Vakuums), |
| $\varepsilon_r$ | $=$ | Dielektrizitätszahl der elektrisch neutralen, gleichmäßig verteilten, isotropen und linearen Materie im Raum zwischen den Ladungen $Q_1$ und $Q_2$, Vakuum: $\varepsilon_r = 1$, Luft: $\varepsilon_r = 1{,}006$; |
| $Q_1, Q_2$ | $=$ | Ladungsmengen in C (Coulomb), |
| $r$ | $=$ | Abstand der Ladungen auf ihrer Verbindungsgeraden in m (Meter) |

$$Q_1 \cdot Q_2 < 0 : F < 0 \Rightarrow \text{Anziehung,}$$

$$Q_1 \cdot Q_2 > 0 : F > 0 \Rightarrow \text{Abstoßung.}$$

Damit die Kraft zwischen den Ladungen wirkt, ist kein direkter Kontakt der Ladungen erforderlich. Es muss auch kein Medium zwischen den Ladungen vorhanden sein. Existiert allerdings Materie zwischen den Ladungen, so wird die Coulombkraft reduziert. Im Vakuum ist sie am größten, bei Luft zwischen den Ladungen etwas geringer und in Metallen am kleinsten.

Sind mehrere Ladungsträger vorhanden, so beeinflussen sie sich gegenseitig, die Kräfte überlagern sich. Es gilt dann das Gesetz der *Superposition:* Die Gesamtkraft auf eine Ladung ist gleich der Vektorsumme der Kräfte, die alle anderen Ladungen ausüben.

### 3.6.2 Kraft auf ruhende Ladungen

#### 3.6.2.1 Im elektrischen Feld

In einem elektrostatischen Feld wird auf *eine* ruhende elektrische Ladung eine Kraft ausgeübt. Die Ladung (Ladungsträger bzw. eine Probeladung) wird im elektrischen Feld entlang der Feldlinien beschleunigt.

Die auf eine Probeladung $Q_P$ im elektrischen Feld der Feldstärke $E$ wirkende Kraft $F$ ist:

$$F = E \cdot Q_P \tag{3.31}$$

| | | |
|---|---|---|
| $F$ | $=$ | Kraft in N (Newton), |
| $Q_P$ | $=$ | Probeladung in C (Coulomb), |
| $E$ | $=$ | elektrische Feldstärke in V/m (Volt pro Meter) |

#### 3.6.2.2 Im magnetischen Feld

In einem magnetischen Feld wird auf eine *ruhende* elektrische Ladung *keine* Kraft ausgeübt. Die Ladung wird also im Magnetfeld *nicht* beschleunigt.

### 3.6.3 Kraft auf bewegte Ladungen

#### 3.6.3.1 Im elektrischen Feld

In einem elektrostatischen Feld wird auf eine bewegte elektrische Ladung eine Kraft ausgeübt. Die Ladung mit der Masse $m$ wird beschleunigt:

$$\vec{F} = m \cdot \vec{a} = \vec{E} \cdot Q_P \tag{3.32}$$

Die Richtung des Beschleunigungsvektors $\vec{a}$ hängt vom Vorzeichen der Ladung ab. *Positive* Ladungen werden *in* Feldrichtung, *negative* Ladungen *entgegen* der Feldrichtung beschleunigt. Eine Anwendung erfolgt bei der Ablenkung des Elektronenstrahls zwischen Kondensatorplatten in einem Oszilloskop (Braun'sche Röhre, Kathodenstrahlröhre).

#### 3.6.3.2 Im magnetischen Feld

Ein Magnetfeld übt eine Kraft auf bewegte Ladungsträger aus, egal ob sich diese im freien Raum oder in einem Leiter befinden. Die Kraft $\vec{F}$ wirkt stets rechtwinklig (senkrecht) zur Bewegungsrichtung mit dem Streckenvektor $\vec{l}$ (bzw. Geschwindigkeitsvektor $\vec{v}$) und senkrecht zur Feldrichtung mit dem Flussdichtevektor $\vec{B}$. Zwischen Feld- und Bewegungsrichtung kann ein beliebiger Winkel $\alpha$ existieren (Abb. 3.5). Die Kraft $F$ heißt **Lorentzkraft.**

Die Kraft auf einen Ladungsträger, der sich unter dem Winkel $\alpha$ zur Feldrichtung bewegt, ist:

$$\text{Vektorprodukt: } \underline{\underline{\vec{F} = Q_P \cdot \left( \vec{v} \times \vec{B} \right)}} \tag{3.33}$$

$\vec{F}$ = Kraftvektor (Kraft F in N (Newton),
$Q_P$ = Probeladung in C (Coulomb),
$\vec{l}$ = Streckenvektor,
$\vec{v}$ = Geschwindigkeitsvektor,
$\vec{B}$ = Flussdichtevektor Magnetfeld
$\alpha$ = Winkel zwischen Bewegungsrichtung von $Q_P$ und Feldrichtung

$$\text{Skalare Gleichung: } \underline{\underline{\vec{F} = Q_P \cdot v \cdot B \cdot \sin(\alpha)}} \tag{3.34}$$

**Abb. 3.5** Kraft auf einen bewegten Ladungsträger im Magnetfeld

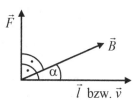

### 3.6.4  Kraft auf einen stromdurchflossenen Leiter

Bei einem Leiter, der von einer Ladung $Q = I \cdot t$ durchflossen wird, erhält man durch Einsetzen in (3.33) bzw. (3.34) mit $v = l / t$ ($l$ = wirksame Leiterlänge):

$$\vec{F} = I \cdot \left( \vec{l} \times \vec{B} \right) \tag{3.35}$$

$$F = I \cdot l \cdot B \cdot \sin(\alpha) \tag{3.36}$$

Für die *Richtung* der Kraft und somit der *Richtung* der Auslenkung eines stromdurchflossenen Leiters im Magnetfeld gilt die **UVW-Regel** der rechten Hand. Daumen, Zeigefinger und Mittelfinger der rechten Hand werden im rechten Winkel zueinander abgespreizt. Der Daumen zeigt in die *technische* Stromrichtung, er entspricht U = Ursache. Der Zeigefinger zeigt in die Richtung der Magnetfeldlinien, er entspricht V = Vermittlung. Der Mittelfinger zeigt dann in die Bewegungsrichtung des stromdurchflossenen Leiters, er gibt die W = Wirkung an.

Für $\alpha = 90°$ (Leiter ist senkrecht zu den Feldlinien) ist die Kraft auf den Leiter maximal. Auf Leiter parallel zu den Feldlinien wirkt keine Kraft. Werden $N$ Leiter in gleicher Richtung vom Strom $I$ durchflossen, so ist die Kraft $F$ mit $N$ zu multiplizieren.

Eine Anwendung der Kraftwirkung auf stromdurchflossene Leiter im Magnetfeld erfolgt z. B. bei Elektromotoren und bei einem Drehspulmesswerk. Bei einem solchen analogen Messwerk ist eine rechteckige Spule mit einem daran befestigten Zeiger drehbar im radialhomogenen Magnetfeld eines Permanentmagneten gelagert. Die Stromzufuhr zur Drehspule erfolgt z. B. über zwei Spiralfedern, die bei fehlendem Stromfluss eine Rückstellung in die Ruhelage (Nullpunkt der Messwertskala) bewirken. Fließt ein Strom durch die Spule, so wird auf sie durch die Lorentzkraft ein Drehmoment ausgeübt. Die Spule wird verdreht, bis ein Gleichgewicht zwischen dem Drehmoment der magnetischen Kraftwirkung und dem Rückstellmoment der beiden Spiralfedern vorliegt. Die Lorentzkraft ist nach (3.35) proportional zu Strom $I$. Die Federkraft der Rückstellfedern ist nach dem hookeschen Gesetz proportional zum Drehwinkel. Somit ergibt sich für nicht zu große Drehwinkel eine lineare Skala für die Messwerte.

Für den Drehwinkel $\alpha$ des Zeigerausschlags gilt:

$$\underline{\underline{\alpha = \frac{1}{c} \cdot I \cdot N \cdot B \cdot A}} \tag{3.37}$$

| | | |
|---|---|---|
| $\alpha$ | = | Drehwinkel des Zeigers, |
| $c$ | = | Federkonstante in $\text{Nm}^{-1}$, |
| $I$ | = | Stromstärke in A (Ampere), |
| $N$ | = | Anzahl der Windungen der Drehspule, |
| $B$ | = | Flussdichte in $\text{Vs} / \text{m}^2 = \text{T}$ (Tesla), |
| $A$ | = | Fläche der Drehspule in $\text{m}^2$. |

### 3.6.5  Kraft zwischen zwei parallelen, stromdurchflossenen Leitern

Zwei von Luft umgebene, von den Strömen $I_1$ und $I_2$ durchflossene, dünne Leiter (der Radius der Leiter ist sehr klein gegenüber ihren Abstand) verlaufen im Abstand $d$ über der Länge $l$ parallel. Die Kraft zwischen den beiden Leitern ist:

$$F = \frac{\mu_0}{2 \cdot \pi} \cdot \frac{l}{d} \cdot I_1 \cdot I_2 \qquad (3.38)$$

$F$     =   Kraft in N (Newton)

$\mu_0$   =   magnetische   Feldkonstante   (Permeabilität   des   Vakuums)$=$
        $4 \cdot \pi \cdot 10^{-7} \frac{\text{Vs}}{\text{Am}} = \frac{\text{N}}{\text{A}^2}$,

$l$      =   Länge in m (Meter) der parallelen Leiter,

$d$     =   Abstand der Leiter in m (Meter),

$I_1, I_2$   =   Strom durch Leiter 1 bzw. 2 in A (Ampere)

Abstoßung: $I_1, I_2$ haben entgegengesetzte Vorzeichen, $F < 0$.

Anziehung: $I_1, I_2$ haben gleiche Vorzeichen, $F > 0$.

Das resultierende Feldbild ergibt sich jeweils durch Überlagerung der Feldbilder der Einzelleiter. Werden beide Leiter in *gegensinniger* Richtung von Strom durchflossen, so wirkt die Kraft zwischen den Leitern *abstoßend* (Abb. 3.6a), bei *gleichsinniger* Stromrichtung *anziehend* (Abb. 3.6b).

Die Kraftwirkung zwischen zwei stromdurchflossenen, parallelen Leitern dient zur Festlegung der Einheit der Stromstärke.

### 3.6.6  Zugkraft Elektromagnet

#### 3.6.6.1 Näherungsformel von Maxwell

Wir betrachten einen U-förmigen Elektromagneten mit feststehendem Joch (Abb. 3.7). Die beiden Magnetpole haben *jeweils* die Polfläche $A$. Der Anker ist eine bewegliche Eisenplatte, die durch einen Luftspalt im Abstand $\delta$ von den Magnetpolen des Jochs getrennt ist und von diesen parallel zu ihnen angezogen wird. Die Flächen $A$ sind für Joch und Anker gleich.

Der Gleichstrom $I$ durch die rechteckige Erregerspule mit der gleichen Querschnittsfläche wie das Joch erzeugt im Joch den magnetischen Fluss $\Phi$, der auch durch den Luftspalt und den Anker fließt. Im Luftspalt ist ein homogenes Magnetfeld mit den Feld-

**Abb. 3.6** Abstoßende (**a**) und anziehende (**b**) Kraft zwischen zwei Leitern, die gegensinnig (a) und gleichsinnig (b) von Strom durchflossen werden

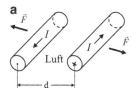
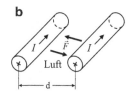

**Abb. 3.7** Zur Zugkraft eines
Elektromagneten

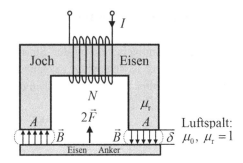

größen Flussdichte $B$ in $\text{Vs}/\text{m}^2 = \text{T}$ (Tesla) und Feldstärke $H$ in $\text{A}/\text{m}$ vorhanden. Streu-effekte am Luftspalt und Unterschiede in der Querschnittsfläche von Erregerspule und Joch werden vernachlässigt. Die Erregerwicklung auf dem Joch wird als lange Spule betrachtet. Somit gilt mit $\mu = \mu_0 \cdot \mu_r$:

$$L = \underbrace{\mu_0 \cdot \mu_r}_{\mu} \cdot \frac{A \cdot N^2}{l} \tag{3.39}$$

$L$  =  Induktivität der Spule in H (Henry),
$\mu_0$  =  magnetische Feldkonstante (Permeabilität des Vakuums) $= 4 \cdot \pi \cdot 10^{-7}$ Vs/Am,
$\mu_r$  =  Permeabilitätszahl des Spulenkernmaterials (relative Permeabilität),
$A$  =  Querschnittsfläche der rechteckigen Spule in $\text{m}^2$ (Meter$^2$) = Fläche *eines* Magnetpols des Jochs,
$N$  =  Windungszahl der Spule,
$l$  =  Länge der Spule in m (Meter)

Die magnetische Feldstärke $H$ in A/m im Inneren der Spule und somit im Joch ist:

$$H = \frac{I \cdot N}{l} \tag{3.40}$$

Im Magnetfeld der Spule ist die Energie $W_L$ in J (Joule) gespeichert:

$$W_L = \frac{1}{2} \cdot L \cdot I^2 \tag{3.41}$$

Mit $I = \frac{H \cdot l}{N}$ aus (3.40) folgt:

$$W_L = \frac{1}{2} \cdot \mu \cdot \frac{A \cdot N^2}{l} \cdot \left(\frac{H \cdot l}{N}\right)^2 = \frac{1}{2} \cdot \mu \cdot H^2 \cdot A \cdot l \tag{3.42}$$

Mit $B = \mu \cdot H$ folgt:

$$W_L = \frac{1}{2} \cdot B \cdot H \cdot A \cdot l \tag{3.43}$$

In dem Volumen $V = A \cdot l$ eines Werkstoffes ist die durch das homogene Magnetfeld hervorgerufene magnetische Energie $W_L = W_m$ im Volumen:

$$W_m = \frac{1}{2} \cdot B \cdot H \cdot V \tag{3.44}$$

Der magnetische Widerstand ist im Luftspalt viel größer als im Eisen, die magnetische Energie wird fast ausschließlich im Luftspalt gespeichert. Im Luftspalt gilt $\mu_r = 1$ und somit $\mu = \mu_0$. Mit $H = B/\mu_0$ ist die im Luftspalt gespeicherte Energie:

$$W_m = \frac{1}{2} \cdot B \cdot \frac{B}{\mu_0} \cdot A \cdot l = \frac{1}{2} \cdot \frac{B^2}{\mu_0} \cdot A \cdot l \tag{3.45}$$

Die **Länge wird jetzt** nicht mehr mit $l$, sondern **mit $\delta$ bezeichnet: $\delta =$ Länge Luftspalt.**

Nähert sich der Anker durch die magnetische Anziehungskraft $F$ ein kleines Stück d$\delta$ dem Joch, so muss entsprechend dem Energieerhaltungssatz die verrichtete Hubarbeit $F \cdot$ d$\delta$ gleich sein der Abnahme der magnetischen Energie im Luftspalt. Durch Verkürzen der Magnetfeldlinien im Luftspalt wird der Energieinhalt des magnetischen Feldes im Luftspalt kleiner. Diese Betrachtungsweise der gedachten Bewegung des Ankers um ein infinitesimal kleines Stück d$\delta$ wird als „Prinzip der virtuellen Verschiebung" bezeichnet.

$$F \cdot \cancel{d\delta} = \frac{1}{2} \cdot \frac{B^2}{\mu_0} \cdot A \cdot \cancel{d\delta} \tag{3.46}$$

$$\underline{\underline{F = \frac{1}{2} \cdot \frac{B^2 \cdot A}{\mu_0}}} \tag{3.47}$$

$F$ = Anzugskraft $F$ für *einen* Magnetpol in N (Newton),
$B$ = Flussdichte im Luftspalt in Vs$/$m$^2$ = T (Tesla),
$A$ = Querschnittsfläche der rechteckigen Spule in m$^2$ (Meter$^2$) = Fläche *eines* Magnetpols des Jochs,
$\mu_0$ = magnetische Feldkonstante (Permeabilität des Vakuums) = $4 \cdot \pi \cdot 10^{-7}$ Vs$/$Am.

Gl. (3.47) ist die **maxwellsche Näherungsformel** für die magnetische Zugkraft zwischen *einer* Joch- und *einer* Ankerfläche. Der gesamte Anker wird von den beiden Polflächen des Jochs mit der Kraft $2 \cdot F$ angezogen.

Mit kleiner werdendem Luftspalt wird die Flussdichte $B$ größer. Die Zugkraft ist also in Wirklichkeit nicht konstant, sondern abhängig von $\delta$ und nimmt mit kleiner werdender Länge $\delta$ des Luftspalts zu. Ist kein Luftspalt mehr vorhanden ($\delta = 0$), so ist die dann vorliegende *Haltekraft* um ein Vielfaches größer als die Anzugskraft.

An den *Trennflächen zwischen zwei Stoffen* ist die *magnetische Kraft* $F_m$ stets *vom Stoff mit der höheren zu dem Stoff mit der kleineren Permeabilität gerichtet*. Die Richtung von $F_m$ ist somit von der Richtung des magnetischen Flusses $\Phi$ und damit auch von der Richtung des Stromes in der Erregerspule unabhängig. Der Anker wird vom Joch *immer angezogen,* egal in welcher Richtung der Strom *I* die Erregerspule durchfließt.

### 3.6.6.2 Berechnung der Zugkraft mit dem magnetischen Kreis[2]

Die Zugkraft eines Elektromagneten wird nun genauer als in Abschn. 3.6.6.1 in Abhängigkeit der Größe des Luftspalts (Abstand zwischen Joch und Anker, Höhe bzw. Länge $\delta$) berechnet. Dazu werden zuerst folgende Größen eingeführt:

$A$ = Querschnittsfläche der rechteckigen Spule in $m^2$ (Meter$^2$) = Fläche *eines* Magnetpols des Jochs,

$\mu_0$ = magnetische Feldkonstante (Permeabilität des Vakuums) = $4 \cdot \pi \cdot 10^{-7}$ Vs/Am,

$\mu_r$ = Permeabilitätszahl des Spulenkernmaterials (relative Permeabilität),

$\Phi$ = magnetischer Fluss in Vs = Wb (Weber),

$\Theta$ = Durchflutung in A (Amperewindungen!),

$N$ = Windungszahl der Spule,

$\delta$ = Distanz im Luftspalt in m (Meter),

$R_m$ = magnetischer Widerstand in $1/\Omega s = A/Vs$,

$l_{Fe}$ = mittlere Länge im Eisen in m (Meter), Weg durch die Mitte des Eisenquerschnitts (incl. Anker)

Es gilt:

$$\Phi = B \cdot A = \mu \cdot H; \quad \mu = \mu_0 \cdot \mu_r \tag{3.48}$$

$$\Theta = N \cdot I = H \cdot l \tag{3.49}$$

Im Luftspalt:

$$B = \mu_0 \cdot H \tag{3.50}$$

Magnetischer Widerstand im Eisen:

$$R_{mFe} = \frac{l_{Fe}}{\mu_0 \cdot \mu_r \cdot A} \tag{3.51}$$

Magnetischer Widerstand im Luftspalt:

$$R_{mLuft} = \frac{\delta}{\mu_0 \cdot A} \tag{3.52}$$

$$R_m = R_{mFe} + R_{mLuft} = \frac{l_{Fe}}{\mu_0 \cdot \mu_r \cdot A} + \frac{\delta}{\mu_0 \cdot A} = \frac{1}{\mu_0 \cdot A} \cdot \left( \frac{l_{Fe}}{\mu_r} + \delta \right) \tag{3.53}$$

---

[2]Quelle: [25].

$$W = \frac{1}{2} \cdot L \cdot I^2 \,(\text{wie } (3.41)) \tag{3.54}$$

$$\frac{dW}{dI} = L \cdot I \tag{3.55}$$

$$dW = L \cdot I \cdot dI \tag{3.56}$$

$$L = N \cdot \frac{\Phi}{I} \tag{3.57}$$

(3.57) in (3.56) eingesetzt:

$$dW = N \cdot \Phi \cdot dI \tag{3.58}$$

Aus (3.49):

$$I = \frac{\Theta}{N} \tag{3.59}$$

$$\frac{dI}{d\Theta} = \frac{1}{N}; \ \ dI = \frac{1}{N} \cdot d\Theta \tag{3.60}$$

$$dW = \Phi \cdot d\Theta \tag{3.61}$$

$$F = \frac{dW}{dl} \,(\text{Hubarbeit}) \tag{3.62}$$

$$F = \frac{\Phi \cdot d\Theta}{dl} = \frac{\Phi \cdot d(H \cdot l)}{dl} = \Phi \cdot H = B \cdot A \cdot H = \mu_0 \cdot A \cdot H^2 \tag{3.63}$$

$$H = \frac{1}{\mu_0} \cdot B \tag{3.64}$$

$$F = \frac{A \cdot B^2}{\mu_0} = \frac{A}{\mu_0} \cdot B^2 \tag{3.65}$$

$$B = \frac{\Phi}{A} \tag{3.66}$$

$$F = \frac{1}{\mu_0 \cdot A} \cdot \Phi^2 \tag{3.67}$$

$$\Phi = \frac{\Theta}{R_{\mathrm{m}}} \tag{3.68}$$

$$F = \frac{N^2 \cdot I^2 \cdot \mu_0 \cdot A \cdot \mu_{\mathrm{r}}^2}{\left(l_{\mathrm{Fe}} + \delta \cdot \mu_{\mathrm{r}}\right)^2} \tag{3.69}$$

Diese Anzugskraft $F$ (für *einen* Magnetpol) wird für $\delta = 0$ m maximal (kein Luftspalt). $F$ ist dann die Haltekraft für *einen* Magnetpol.

(3.69) nach dem Strom aufgelöst:

$$I = \frac{l_{\mathrm{Fe}} + \delta \cdot \mu_r}{N \cdot \mu_r} \cdot \sqrt{\frac{F}{A \cdot \mu_0}} \tag{3.70}$$

## 3.7    Elektrische Spannung

Die Erzeugung elektrischer Spannung ist immer mit Ladungstrennung und Ladungs-verschiebung verbunden. Eine Ladungstrennung wird durch andere Formen der Energie (z. B. mechanische, chemische, thermische) hervorrufen und evtl. aufrechterhalten. Elektrische Energie wird durch die potenzielle Energie von getrennten, ungleichnamigen und sich daher anziehenden Ladungen dargestellt. Da sich Ladungen mit entgegengesetzten Vorzeichen anziehen, muss beim Trennen dieser Ladungen gegen der Anziehungskraft Arbeit verrichtet werden. Zwischen den getrennten Ladungen entsteht eine elektrische Spannung $U$.

Die elektrische Spannung $U$ ist proportional zur Arbeit $W$ die verrichtet werden muss, um eine Probeladung $Q_{\mathrm{P}}$ oder $Q$ in einem elektrischen Feld von einem Punkt A zu einem anderen Punkt B zu transportieren. Die Spannung $U$ ist also ein Maß für die beim Ladungstransport bzw. bei der Ladungstrennung zu verrichtende Arbeit $W$.

$$U = \frac{W}{Q} \tag{3.71}$$

Die Kraft $\vec{F}$ auf eine Ladung $Q$ in Richtung eines elektrischen Feldes $\vec{E}$ ist $\vec{F} = Q \cdot \vec{E}$. Wird die Ladung $Q$ im elektrischen Feld vom Punkt A zum Punkt B verschoben, so wird durch Kraftaufwand eine Masse bewegt und entsprechend „Arbeit = Kraft mal Weg" eine mechanische Arbeit $W_{\mathrm{AB}}$ verrichtet. In einem *in*homogenen elektrischen Feld ist diese Arbeit:

$$W_{\mathrm{AB}} = \int_{\mathrm{A}}^{\mathrm{B}} \vec{F} \bullet d\vec{s} \tag{3.72}$$

Wenn $\vec{F}$ und $d\vec{s}$ in die gleiche Richtung zeigen, wird Energie freigesetzt. Andernfalls muss Energie aufgewendet werden.

Wird im elektrischen Feld eine Ladung $Q$ unter Aufwendung von Energie von einem Punkt A um eine Wegstrecke zu einem Punkt B verschoben, so ist die an der Ladung verrichtete Arbeit in Form von potenzieller Energie in der Ladung gespeichert. Vergleichbar ist diese potenzielle Energie, die in einer Masse gespeichert ist, mit der potenziellen Energie einer Masse, die in einem Gravitationsfeld angehoben wurde. Die potenzielle Energie der Ladung ist nach dem Verschieben zum Punkt B:

$$W_\mathrm{B} = \varphi_\mathrm{B} \cdot Q \tag{3.73}$$

War vor dem Verschieben das Potenzial $\varphi$ der Ladung $Q$ null, war in der Ladung also keine Arbeitsfähigkeit gespeichert, so ist nach dem Verschieben das elektrische Potenzial der Ladung $Q$ in Bezug auf den vorherigen Ort A:

$$\varphi_\mathrm{B} = \frac{W_\mathrm{B}}{Q} \tag{3.74}$$

Wird jetzt die Ladung $Q$ erneut unter Aufwendung von Energie weiter zu einem Punkt C verschoben, so ist ihre potenzielle Energie gegenüber dem Punkt A:

$$W_\mathrm{C} = \varphi_\mathrm{C} \cdot Q \tag{3.75}$$

Das elektrische Potenzial der Ladung $Q$ im Punkt C gegenüber dem Ort A ist jetzt:

$$\varphi_\mathrm{C} = \frac{W_\mathrm{C}}{Q} \tag{3.76}$$

Die Differenz der beiden potenziellen Energien der Ladung $Q$ am Ort C und am Ort B ist:

$$\Delta W = W_\mathrm{C} - W_\mathrm{B} = Q \cdot (\varphi_\mathrm{C} - \varphi_\mathrm{B}) \tag{3.77}$$

Diese Energiedifferenz $\Delta W$ kann auf die zu verschiebende Ladung $Q$ bezogen werden. Die Definitionsgleichung (3.78) der elektrischen Spannung als Differenz von Potenzialen wird dadurch von der elektrischen Ladung unabhängig.

$$U = \frac{\Delta W}{Q} = \varphi_C - \varphi_B \tag{3.78}$$

Das Verhältnis $\Delta W / Q$ bzw. die Differenz der Potenziale $\varphi_\mathrm{C} - \varphi_\mathrm{B}$ ist die elektrische Spannung $U$.

In der Umgebung einer elektrischen Ladung kann jedem Punkt im Raum ein elektrisches Potenzial zugeordnet werden. *Die elektrische Spannung $U_{12}$ zwischen zwei Punkten $P_1$ und $P_2$ in einem elektrischen Feld ist gleich der Differenz der elektrischen Potenziale dieser Punkte.*

$$\underline{U_{12} = \varphi_1 - \varphi_2} \tag{3.79}$$

Ist das Potenzial $\varphi_1$ im Punkt $P_1$ größer als das Potenzial $\varphi_2$ im Punkt $P_2$, so ist die Spannung $U_{12}$ zwischen $P_1$ und $P_2$ positiv ($U_{12} > 0$). Die Spannung $U_{21}$ zwischen $P_2$ und $P_1$ ist folglich negativ ($U_{21} < 0$).

$$U_{12} = \varphi(P_1) - \varphi(P_2) = \varphi_1 - \varphi_2 = -U_{21} \tag{3.80}$$

Bildhaft kann man sich vorstellen, dass der Punkt $P_2$ von der Ladung weiter entfernt ist als der Punkt $P_1$. Das elektrische Feld ist deshalb am Ort $P_2$ schwächer und sein Energieinhalt (Arbeitsfähigkeit) kleiner als am Ort $P_1$.

Die Einheit der Spannung ist das Volt:

$$[U] = \frac{J}{C} = \frac{N \cdot m}{C} = \frac{kg \cdot m^2}{A \cdot s^3} = V \tag{3.81}$$

Für ein *homogenes* elektrisches Feld gilt auf der Verbindungsstrecke $s$ zwischen A und B:

$$U_{AB} = \vec{E} \bullet \vec{s} \tag{3.82}$$

Hierin ist $\vec{E}$ die elektrische Feldstärke, sie hängt direkt von der auf eine Probeladung $Q$ ausgeübten Kraft ab.

$$\vec{E} = \frac{\vec{F}}{Q} \tag{3.83}$$

Die Einheit der elektrischen Feldstärke ist Volt pro Meter:

$$[E] = \frac{V}{m} = \frac{N}{A \cdot s} = \frac{kg \cdot m}{A \cdot s^3} \tag{3.84}$$

Ist $\vec{E}$ wie beim inhomogenen elektrischen Feld abhängig vom Weg $s$ zwischen A und B, so gilt das Wegintegral über das elektrische Feld:

$$U_{AB} = \int_A^B \vec{E}(s) \bullet d\vec{s} \tag{3.85}$$

Das elektrostatische Feld ist ein **konservatives** Feld („erhaltend" bezüglich der Energie). Die Arbeit $W_{AB}$ ist *un*abhängig von der Form des Weges zwischen den Punkten A und B und hängt nur von deren Lage im elektrischen Feld ab. Ist der Weg in sich geschlossen (von A über B zurück zu A), so gleichen sich die positiven und negativen Beiträge zur Arbeit aus, das Ergebnis ist null:

$$\oint \vec{E} \bullet d\vec{s} = 0 \tag{3.86}$$

Wird die elektrische Spannung zwischen zwei Punkten im elektrischen Feld mit dem Wegintegral über die elektrische Feldstärke zwischen den Punkten ermittelt, so ist die Wahl des Integrationsweges frei.

Ist das elektrische Feld homogen, so ist der Betrag der Feldstärke überall gleich und die Feldlinien sind parallel. Im homogenen elektrischen Feld gilt somit der einfache Fall:

$$U = E \cdot s \tag{3.87}$$

$U$ = elektrische Spannung in Volt,
$E$ = elektrische Feldstärke in V/m (Volt pro Meter),
$s$ = Weg in m (Meter)

Die elektrische Spannung ist eine gerichtete Größe. Die Spannung zwischen zwei Orten A und B ist positiv, wenn eine positive Probeladung von A abgestoßen und zu B hingezogen wird.

Anschaulich kann die elektrische Spannung als der „Druck" betrachtet werden, der einen Ladungsausgleich herbeiführt, sodass die sich abstoßenden Elektronen vom Minuspol einer Spannungsquelle über einen Leiter zum Pluspol (mit Elektronenmangel) fließen.

Eine elektrische Spannung ist immer eine Potenzial*differenz*, also eine Differenz der Spannungen von zwei Punkten.

## 3.8   Potenzial

Das elektrische Feld $\vec{E}$ ist ein Vektorfeld. Mit dem Begriff des Potenzials kann dieses Vektorfeld durch ein Skalarfeld von Raumpunkten $\varphi(x, y, z)$ (eine skalare Ortsfunktion) mit zugehörigen Potenzialwerten in Volt beschrieben werden.

Physikalisch betrachtet ist das elektrische Potenzial eine Größe, welche die potenzielle Energie und somit die Arbeitsfähigkeit einer Ladung im elektrischen Feld angibt. Die elektrische Spannung kennzeichnet als Potenzialdifferenz die Arbeit, die eine Ladung im elektrischen Feld verrichten kann.

Das elektrische Potenzial $\varphi(A)$ am Ort A ist die Spannung an diesem Ort gegenüber einem festgelegten *Referenzpunkt,* der immer vorhanden sein muss. Die Angabe eines Potenzials ohne einen Referenzpunkt ist sinnlos! Dieser *Bezugspunkt* (das *Nullniveau*) ist meist Masse oder ein Erdungspunkt mit dem Potenzial der Erdoberfläche, definiert mit $\varphi = 0$ V. Die Spannung $U_{AB}$ zwischen zwei Orten A und B ist gleich der Differenz der Potenziale der beiden Orte.

$$U_{AB} = \varphi(A) - \varphi(B) \tag{3.88}$$

$U_{AB}$ = elektrische Spannung zwischen den Punkten A und B,
$\varphi(A)$ = Potenzial des Punktes A,
$\varphi(B)$ = Potenzial des Punktes B.

Die Einheit des Potenzials ist (so wie der Spannung) das Volt: $[\varphi] = $ V (Volt).

Wird einem (im Prinzip frei wählbaren) Bezugspunkt das Bezugspotenzial $\varphi = 0$ V zugeordnet, dann besitzen alle anderen Punkte ein absolutes Potenzial gegenüber dem Bezugspunkt. *Zwischen* einzelnen Punkten herrschen Spannungen, die den Potenzial-*differenzen* der Punkte entsprechen.

Die **Masse** ist in einer Schaltung ein gemeinsamer Bezugspunkt, dem fast immer das Potenzial null Volt zugeordnet wird. Dies ist praktisch, sonst müssten für die Spannungen zwischen zwei Punkten immer Differenzen gebildet werden. Alle Spannungen der Schaltung werden bzw. sind mit Betrag und Vorzeichen gegenüber dem *Bezugspotenzial Masse* mit $\varphi = 0$ V definiert. Die Masse ist oft das Metallchassis eines Aufbaus, welches elektrisch mit „Erde" (Schutzleiter) verbunden ist. In elektronischen Schaltplänen wird Masse mit dem Schaltzeichen „⊥" gekennzeichnet. Alle mit „⊥" versehenen Punkte einer Schaltung sind *miteinander verbunden*! Damit werden viele Verbindungsstriche in einem Schaltplan eingespart.

Abb. 3.8 zeigt ein Beispiel für Potenziale an den Klemmen eines Verbrauchers und der daraus resultierenden Spannung über ihn, also zwischen beiden Klemmen. Ist die Stromrichtung durch den Verbraucher als Zählpfeilrichtung vorgegeben, so muss die Richtung des Spannungszählpfeiles dem Verbraucherzählpfeilsystem entsprechen (Strom und Spannung haben gleiche Richtung).

Für *physikalische Betrachtungen* wird oft angenommen, dass der *Bezugspunkt* mit dem Potenzial $\varphi = 0$ V *im Unendlichen* liegt: $\varphi(\infty) = 0$ V. Die Anziehungskraft zwischen einer positiven Ladung und einer unendlich weit entfernten negativen Ladung ist dann null. Durch die Lage des Bezugspunktes im Unendlichen ergeben sich einfachere Ergebnisse, wie das folgende Beispiel zeigt.

Das elektrische Feld einer Punktladung ist *radialsymmetrisch*. Äquipotenzialflächen sind konzentrische Kugeloberflächen im Abstand $r$ von der Punktladung. Das elektrische Feld einer Punktladung ist:

$$E(r) = \frac{1}{4 \cdot \pi \cdot \varepsilon_0} \cdot \frac{Q}{r^2} \tag{3.89}$$

$E$ $=$ elektrische Feldstärke in V/m (Volt pro Meter),

$\varepsilon_0 = 8{,}854 \cdot 10^{12} \frac{As}{Vm}$ $=$ elektrische Feldkonstante (Dielektrizitätskonstante des Vakuums),

$Q$ $=$ Ladung in C (Coulomb),

$r$ $=$ Abstand von der Punktladung in m (Meter)

Die Spannung zwischen einem Punkt $P_1$ im Abstand $r_1$ von der Punktladung und einem Punkt $P_2$ im Abstand $r_2$ ist:

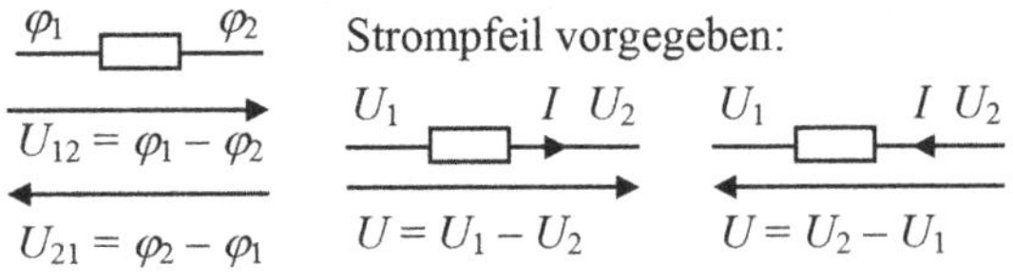

**Abb. 3.8** Beispiel eines Verbrauchers mit Potenzialen an den Anschlüssen und über ihm liegende Spannung

$$\underline{\underline{U_{12} = \int\limits_{r_1}^{r_2} E(r)dr = \frac{Q}{4 \cdot \pi \cdot \varepsilon_0} \cdot \int\limits_{r_1}^{r_2} \frac{1}{r^2}\, dr = \frac{Q}{4 \cdot \pi \cdot \varepsilon_0} \cdot \left( \frac{1}{r_1} - \frac{1}{r_2} \right)}} \tag{3.90}$$

Enden die elektrischen Feldlinien der Punktladung in sehr großer Entfernung von ihr, so ist dies gleichbedeutend damit, dass der Bezugspunkt mit dem Potenzial $\varphi = 0$ V im Unendlichen liegt. Somit gilt $r_2 \to \infty$ und $1/r_2 = 0$. Das gegenüber (3.90) einfachere Ergebnis ist:

$$\underline{\underline{U_{12} = \frac{Q}{4 \cdot \pi \cdot \varepsilon_0} \cdot \frac{1}{r_1}}} \tag{3.91}$$

## 3.9   Arbeit und Leistung

Aus $Q = I \cdot t$ folgt mit $U = W/Q$ für die elektrische Arbeit $W$:

$$\underline{\underline{W = U \cdot I \cdot t}} \tag{3.92}$$

$W$  =  Arbeit in J (Joule),
$U$  =  Spannung in V (Volt),
$I$   =  Stromstärke in A (Ampere),
$t$   =  Zeit in s (Sekunden)

Arbeit und Energie haben die gleiche Einheit J = Joule oder Ws = Watt · Sekunde:

$$[W] = [U] \cdot [Q] = \text{VAs} = \text{Ws} = \text{J} = \text{Nm} = \frac{\text{kg} \cdot \text{m}^2}{\text{s}^2} \tag{3.93}$$

Die einem Verbraucher in einem Zeitintervall $\Delta t$ zugeführte Energie wird als Leistung $P$ bezeichnet. Während $\Delta t$ wird die Arbeit $\Delta W = U \cdot I \cdot \Delta t$ geleistet. Division durch $\Delta t$ ergibt:

$$\underline{\underline{P = U \cdot I = \frac{U^2}{R} = I^2 \cdot R}} \tag{3.94}$$

$R = ohmscher$ Widerstand, falls $R$ konstant.
    Für zeitabhängige (z. B. sinusförmige) Spannungen und Ströme gilt entsprechend:

$$\underline{\underline{p(t) = u(t) \cdot i(t)}} \tag{3.95}$$

$$\underline{\underline{W = \int\limits_{0}^{t} u(t') \cdot i(t')dt'}} \tag{3.96}$$

Für *sinusförmige* Spannungen und Ströme ist
   die **Wirkleistung**

$$P = U \cdot I \cdot \cos{(\varphi)} \text{ mit } \|P\| = \text{W (Watt)} \tag{3.97}$$

die **Blindleistung**

$$Q = U \cdot I \cdot \sin{(\varphi)} = S \cdot \sin{(\varphi)} \text{ mit } [Q] = \text{VAr} \tag{3.98}$$

die **Scheinleistung**

$$S = U \cdot I = \sqrt{P^2 + Q^2} = \frac{\hat{U} \cdot \hat{I}}{2} \text{ mit } [S] = \text{VA} \tag{3.99}$$

**U und I sind jeweils *Effektivwerte*,** $\varphi$ ist der Winkel (der Phasenverschiebungswinkel, die Phasenverschiebung) zwischen Spannung und Strom ($\varphi = \varphi_{\text{ui}}$).
   Als **Leistungsfaktor** wird bezeichnet:

$$\cos{(\varphi)} = \frac{P}{S} \tag{3.100}$$

Im Wechselstromkreis kann die Leistung auch mit den komplexen Effektivwertzeigern von Spannung und Strom berechnet werden.
   Mit $\underline{I} = I \cdot e^{j\varphi_{\text{i}}}$; $\underline{I}^* = I \cdot e^{-j\varphi_{\text{i}}}$; $\underline{U} = U \cdot e^{j\varphi_{\text{u}}}$ folgt:

$$\underline{S} = \underline{U} \cdot \underline{I}^* = U \cdot I \cdot e^{j(\varphi_{\text{u}} - \varphi_{\text{i}})} = U \cdot I \cdot e^{j\varphi} = U \cdot I \cdot \left[ \cos{(\varphi)} + j \cdot \sin{(\varphi)} \right] \tag{3.101}$$

Hierin sind $\varphi_{\text{u}}$ der *Null*phasenwinkel der Spannung, $\varphi_{\text{i}}$ der *Null*phasenwinkel des Stromes, $\varphi$ der Phasenwinkel zwischen Spannung und Strom, definiert als $\varphi = \varphi_{\text{u}} - \varphi_{\text{i}}$.

## 3.10   Widerstand und Leitwert

Der elektrische *Widerstand* gibt an, wie stark der *Fluss einer Ladung* durch Materie hindurch *behindert* wird. Der Widerstand ist gleich dem Quotienten aus dem Spannungsabfall $U$ über dem Materiestück dividiert durch den Strom $I$ durch das Materiestück. Als *ohmscher* Widerstand wird folgender *linearer* Zusammenhang bezeichnet:

$$R = \frac{U}{I} = \text{const. mit } [R] = \frac{\text{V}}{\text{A}} = \Omega \text{ (Ohm)} \tag{3.102}$$

Der Kehrwert des Widerstandes ist der *Leitwert G*.

$$G = \frac{1}{R} = \frac{I}{U} \text{ mit } [G] = \frac{\text{A}}{\text{V}} = \text{S (Siemens)} \tag{3.103}$$

Ist die Strom-Spannungs-Kennlinie *keine* Gerade (wie beim ohmschen Widerstand), so handelt es sich um einen *nichtlinearen* Widerstand. Der Widerstand ist dann die Steigung dieser Kennlinie in einem bestimmten *Arbeitspunkt* AP, der durch ein $I, U$-Wertepaar (Gleichspannungswerte) auf der Kennlinie des Bauelementes gegeben ist. Dieser *differenzielle* Widerstand $r_\mathrm{D}$ ist für jeden AP auf der $I, U$-Kennlinie unterschiedlich. Durch Differenzieren im AP folgt:

$$r_{\mathrm{D,AP}} = \left.\frac{dU(I)}{dI}\right|_{\mathrm{AP}} = \frac{1}{\left.\frac{dI(U)}{dU}\right|_{\mathrm{AP}}} \tag{3.104}$$

Der Widerstand eines Leiterstückes (z. B. eines Drahtes) mit der Länge $l$ und der Querschnittsfläche $A$ ist (bei homogenem Material und über die gesamte Länge gleichbleibender Querschnittsfläche):

$$R = \rho \cdot \frac{l}{A} \tag{3.105}$$

$\rho$ ist der spezifische Widerstand, eine materialabhängige Größe. Die Einheit von $\rho$ ist:

$$[\rho] = \Omega \cdot \mathrm{cm} = 10^4 \, \Omega \, \frac{\mathrm{mm}^2}{\mathrm{m}} \tag{3.106}$$

## 3.11    Temperaturabhängigkeit des Widerstandes

Die Temperaturabhängigkeit von Widerständen wird durch den *Temperaturkoeffizienten* $\alpha$ *(TK, Temperaturbeiwert)* mit der Einheit $\mathrm{K}^{-1}$ beschrieben. $\alpha$ ist eine materialabhängige Konstante.

In linearer Näherung gilt:

$$R(\vartheta) = R_{\vartheta_0} \cdot \left[1 + \alpha_{\vartheta_0} \cdot (\vartheta - \vartheta_0)\right] \tag{3.107}$$

$R(\vartheta)$ = Widerstandswert bei der Temperatur $\vartheta$,
$\vartheta$ = Temperatur in °C,
$R_{\vartheta_0}$ = Widerstandswert bei der Referenztemperatur $\vartheta_0$,
$\alpha_{\vartheta_0}$ = TK in $\mathrm{K}^{-1}$.

Als Referenztemperatur wird meist $\vartheta_0 = 20$ °C gewählt. Der Temperaturkoeffizient $\alpha_{\vartheta_0}$ wird dann $\alpha_{20}$ und $R_{\vartheta_0}$ wird $R_{20}$. Aus (3.107) wird:

$$R(\vartheta) = R_{20} \cdot \left[1 + \alpha_{20} \cdot \left(\frac{\vartheta}{°\mathrm{C}} - 20\right) \mathrm{K}\right] \tag{3.108}$$

**Tab. 3.1** Spezifischer
Widerstand $\rho_{20}$ und
Temperaturkoeffizient $\alpha_{20}$
einiger Stoffe

| Material | $\rho_{20}$ in $\frac{\Omega \cdot mm^2}{m}$ | $\frac{\alpha_{20}}{10^{-3} \cdot K^{-1}}$ |
|---|---|---|
| Silber | 0,016 | 3,8 |
| Kupfer | 0,01786 | 3,93 |
| Aluminium | 0,02857 | 3,77 |
| Zink | 0,063 | 3,7 |
| Nickel | 0,08...0,11 | 3,7...6 |
| Eisen | 0,10...0,15 | 4,5...6 |
| Zinn | 0,11 | 4,2 |
| Konstantan (55Cu, 44Ni, 1Mn | 0,50 | ±0,04 |
| Kohle (Grafit) | 40...100 | −0,1 |

$R(\vartheta)$    =    Widerstandswert bei der Temperatur $\vartheta$,

$\vartheta$       =    Temperatur in °C,

$R_{20}$    =    Widerstandswert bei 20 °C,

$\alpha_{20}$    =    TK für 20 °C in $K^{-1}$

Der gleiche Zusammenhang gilt für den spezifischen Widerstand.

$$\rho(\vartheta) = \rho_{20} \cdot \left[1 + \alpha_{20}\left(\frac{\vartheta}{°C} - 20\right) K\right] \tag{3.109}$$

Die Beziehung zwischen der absoluten Temperatur $T$ in Kelvin (K) und der Temperatur $\vartheta$ in Grad Celsius ist:

$$\underline{T = 273,15\ K + \vartheta} \tag{3.110}$$

In Tab. 3.1 sind die Werte für $\rho_{20}$ und $\alpha_{20}$ einiger Materialien angegeben.

Bei Halbleitern (Germanium, Silizium) ist der TK negativ (wie bei Grafit), der Widerstand nimmt mit steigender Temperatur ab (Abschn. 1.10.2).

# Bauelemente

**4**

Bauelemente sind die kleinsten Funktionseinheiten einer elektrischen oder elektronischen Schaltung.

## 4.1 Ohm'scher Widerstand

In einem ohmschen Widerstand mit der linearen Beziehung zwischen Strom und Spannung

$$I = \frac{1}{R} \cdot U = G \cdot U; [R] = \Omega \text{ (Ohm)}; [G] = \text{S (Siemens)} \tag{4.1}$$

wird *keine* Energie gespeichert. Bei einem Schaltvorgang gibt es deshalb zwischen Strom und Spannung *keine* Zeitverzögerung (keinen Ausgleichsvorgang). Das **ohmsche Gesetz** (4.1) ist die **Bauteilgleichung** des ohmschen Widerstandes, die allgemein den *Zusammenhang zwischen Strom und Spannung an einem Bauelement* angibt. Im ohmschen Widerstand wird elektrische Energie in Wärme umgesetzt, es ist ein *Wirkwiderstand* (Wärme = Wirkung), in dem eine Leistung entsteht (Abschn. 3.9). Entsprechend dem linearen Zusammenhang zwischen Strom und Spannung an diesem Bauelement ist seine Strom-Spannungskennlinie eine Gerade durch den Ursprung, es ist ein *lineares* Bauelement. Ein Bauelement mit gekrümmter (nichtlinearer) Strom-Spannungskennlinie ist in seinem Verhalten schwieriger zu beschreiben als ein lineares Bauelement.

    Wichtige Kenngrößen sind der Widerstandswert in Ohm (ein Maß dafür, welches Hindernis dem Stromfluss entgegengesetzt wird), die Belastbarkeit in Watt, die Toleranz des Widerstandswertes in % sowie der Temperaturkoeffizient (Abschn. 3.11) des Widerstandsmaterials. Liegt eine *Wechselspannung* an einem idealen ohmschen Widerstand, so besteht *keine* Phasenverschiebung (Zeitverzögerung) zwischen Strom und Spannung. Es

© Springer Fachmedien Wiesbaden GmbH, ein Teil von Springer Nature 2021
L. Stiny, *Schnelleinführung Elektrotechnik*, https://doi.org/10.1007/978-3-658-28967-6_4

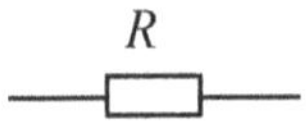

**Abb. 4.1** Schaltzeichen ohmscher Widerstand

gilt: $u(t) = R \cdot i(t)$. Somit gibt es keinen komplexen Wert des ohmschen Widerstandes bzw. dieser entspricht dem reellen Wert.

Das Schaltzeichen (Symbol) des ohmschen Widerstandes zeigt Abb. 4.1.

## 4.2 Kondensator

### 4.2.1 Aufbau und Eigenschaften

Ein Kondensator (oft als *Kapazität* bezeichnet) besteht aus zwei sich gegenüber befindlichen, voneinander getrennten (isolierten) Leitern. Wird eine Gleichspannung an die Kondensatorelektroden angelegt, so fließt einige Zeit ein gegen null gehender Strom. Es findet eine Ladungstrennung statt, die Elektroden werden gegeneinander aufgeladen. Der Kondensator wird (auf)geladen. Ein Kondensator ist somit ein Bauelement, in dem elektrische Energie (Ladung) gespeichert werden kann. Ein gut verständliches Schulbeispiel ist der *Plattenkondensator,* der aus zwei planparallelen Metallplatten mit *jeweils* der Fläche $A$ und dem Abstand $d$ besteht. Die speicherbare Ladung ist:

$$\underline{Q = C \cdot U} \tag{4.2}$$

Der Proportionalitätsfaktor $C$ wird *Kapazität* genannt. Die Kapazität in *Farad* mit ihrer Toleranz und die Spannungsfestigkeit (maximal erlaubte, anliegende Spannung) sind wichtige Kenngrößen eines Kondensators. Für den Plattenkondensator gilt:

$$\underline{C = \varepsilon_0 \cdot \varepsilon_r \cdot \frac{A}{d}}; \ [C] = \frac{As}{V} = \frac{s}{\Omega} = F \ (Farad) \tag{4.3}$$

$C$ ist umso größer, je größer die Plattenfläche, je kleiner der Plattenabstand und je größer die Permittivitätszahl des Dielektrikums (Abschn. 2.3.3.1) ist.

Die gespeicherte Ladung und somit die Kondensatorspannung kann sich in Abhängigkeit der Zeit nur stetig *(nicht sprungartig)* ändern. Für den durch den Kondensator fließenden Strom gilt:

$$\underline{I(t) = \frac{d\,Q(t)}{dt}} \tag{4.4}$$

Aus (4.2) und (4.4) folgt die **Bauteilgleichung** für einen Kondensator, sie gibt den differenziellen Zusammenhang zwischen Strom und Spannung an einem Kondensator an:

$$\underline{I(t) = C \cdot \frac{dU(t)}{dt}} \tag{4.5}$$

Für die Integralform folgt:

$$U(t) = \frac{1}{C} \int I(t)\, dt + U(t = 0) \tag{4.6}$$

Die im elektrischen Feld eines Kondensators gespeicherte elektrische Energie beträgt:

$$W_C = \frac{1}{2} \cdot C \cdot U^2 = \frac{1}{2} \cdot \frac{Q^2}{C}; \quad [W_C] = \text{Ws} = \text{J (Joule)} \tag{4.7}$$

Die Schaltzeichen von Kondensatoren zeigt Abb. 4.2. Gepolte Kondensatoren sind meist speziell aufgebaute *Elektrolytkondensatoren* mit hohen Kapazitätswerten. Bei ihnen muss die Polung der angelegten Spannung beachtet werden.

Der *Gleichstromwiderstand* eines idealen Kondensators ist im *stationären* Zustand (Einschwingvorgänge sind abgeschlossen) *unendlich* groß. *Ein Kondensator sperrt Gleichspannung.*

Der *Wechselstromwiderstand* eines idealen Kondensators wird mit *zunehmender Frequenz kleiner.* Der komplexe Widerstand des Kondensators ist

$$\underline{Z}_C = \frac{1}{j\omega C} \tag{4.8}$$

mit dem Betrag *(kapazitiver Blindwiderstand)*

$$X_C = \frac{1}{\omega C}. \tag{4.9}$$

Im Wechselstromkreis besteht bei einem Kondensator zwischen Strom und Spannung eine *Phasenverschiebung*, der *Strom eilt* beim idealen Kondensator der *Spannung* um 90° *voraus.*

## 4.2.2 Schaltvorgänge beim Kondensator

Bei Schaltvorgängen erfolgt an Gleichspannung das Laden und Entladen eines Kondensators nach Exponentialgesetzen. Die Formeln zur Berechnung der Augenblickswerte von Spannung und Strom beim Laden und Entladen eines Kondensators sind in Tab. 4.1 enthalten.

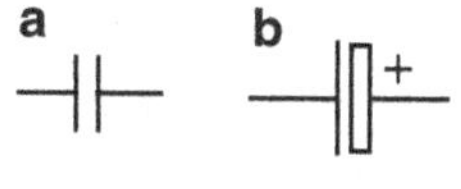

**Abb. 4.2** Schaltzeichen ungepolter (**a**) und gepolter (**b**) Kondensator (fester Kapazitätswert)

**Tab. 4.1** Formeln für Spannung und Strom beim Laden und Entladen eines Kondensators

|                      | Laden                                            | Entladen                                      |
| -------------------- | ------------------------------------------------ | --------------------------------------------- |
| Kondensatorspannung  | $U_C(t) = U \cdot \left(1 - e^{-\frac{t}{R \cdot C}}\right)$ | $U_C(t) = U \cdot e^{-\frac{t}{R \cdot C}}$   |
| Kondensatorstrom     | $I_C(t) = \frac{U}{R} \cdot e^{-\frac{t}{R \cdot C}}$ | $I_C(t) = -\frac{U}{R} \cdot e^{-\frac{t}{R \cdot C}}$ |

### 4.2.2.1 C über R laden

Abb. 4.3 zeigt die Schaltung zum Laden eines Kondensators beim Einschalten einer Gleichspannungsquelle und den zeitlichen Verlauf vom Strom durch den Kondensator und der Spannung am Kondensator.

$C$ sei vollständig entladen. Wird der Schalter S zum Zeitpunkt $t=0$ geschlossen, so stellt $C$ im ersten Augenblick einen Kurzschluss dar. Hätte $R$ den Wert 0 Ohm (wie bei einer idealen Spannungsquelle), so wäre der Ladestrom unendlich groß, $C$ wäre in unendlich kurzer Zeit aufgeladen. Der Widerstand des *ungeladenen C* ist null *(Kurzschluss)*. Somit ist $U_C(0) = 0$ und der *Ladestrom* wird nur durch $R$ *begrenzt* auf den Wert $I_C(0) = \frac{U}{R}$. Zum Zeitpunkt $t=0$ *springt* der Strom auf diesen Wert $I_C(0) = U/R$. Dann findet ein Ausgleichsvorgang statt, $I_C(t)$ nimmt ab und $U_C(t)$ nimmt zu. Nach unendlich langer Zeit ist $C$ auf den Wert der ladenden Spannung $U$ aufgeladen, der Strom ist auf null gesunken: $U_C(\infty) = U$, $I_C(\infty) = 0$. Der *Widerstand* des *geladenen C* ist *unendlich groß*, der geladene Kondensator *sperrt Gleichspannung*, er bildet für die Spannungsquelle einen *Leerlauf*. Wichtig: Beim Kondensator „springt" der Strom. Als Merkhilfe kann dienen: Beim Kondensator eilt der Strom vor.

Die folgende Größe wird als *Zeitkonstante* bezeichnet:

$$\tau = R \cdot C \tag{4.10}$$

Nach $\tau$ ist $U_C$ auf $0{,}63 \cdot U$ (auf 63 % von $U$) angestiegen.

Nach $2\tau$ ist $U_C = (0{,}63 + 0{,}37 \cdot 0{,}63) \cdot U = 0{,}86 \cdot U$.

Nach $5\tau$ ist $C$ praktisch voll aufgeladen (zu 99,3 %).

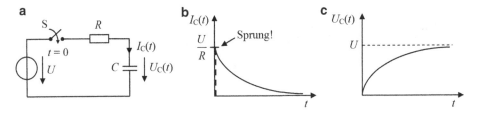

**Abb. 4.3** Schaltung zum Laden eines Kondensators über einen Widerstand (**a**), zeitlicher Verlauf des Stromes (**b**) und der Spannung (**c**)

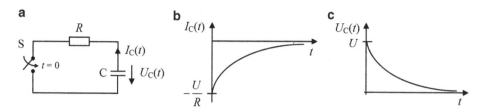

**Abb. 4.4** Schaltung zum Entladen eines Kondensators über einen Widerstand (**a**), zeitlicher Verlauf des Stromes (**b**) und der Spannung (**c**)

### 4.2.2.2 C über R entladen

In Abb. 4.4 sind die Schaltung zum Entladen des Kondensators über einen Widerstand und der Verlauf von Strom und Spannung dargestellt.

Die Richtung von $I$ ist entsprechend der Spannungsrichtung an $C$ umgekehrt zum Laden. Zum Zeitpunkt $t=0$ sind die Werte von Strom und Spannung: $I_C(0) = -\frac{U}{R}$; $U_C(0) = U$. Dann findet ein Ausgleichsvorgang statt, $I_C$ und $U_C$ nehmen ab. Nach unendlich langer Zeit ist $C$ vollständig entladen: $I_C(\infty) = 0$; $U_C(\infty) = 0$.

Nach $\tau$ sind $I_C$ und $U_C$ um 63 % des Anfangswertes auf $I_C(\tau) = 0{,}37 \cdot I_C(0)$ bzw. $U_C(\tau) = 0{,}37 \cdot U_C(0)$ gefallen.

Man beachte, dass in Aufgabenstellungen durch entsprechende Platzierung von Schaltern und unterschiedlichen Widerständen die Zeitkonstante $\tau$ für den Lade- und Entladevorgang unterschiedlich gewählt werden kann. Dies wäre in den Formeln in Tab. 4.1 für den Term $R \cdot C$ zu berücksichtigen.

Aus den Richtungen von $U_C(t)$ und $I_C(t)$ ist nach den Festlegungen für des Erzeuger- und Verbraucher-Zählpfeilsystems ersichtlich: Beim **Laden wirkt** $C$ wie ein **Verbraucher,** beim **Entladen** wie ein **Erzeuger.**

Die Formeln in Tab. 4.1 beschreiben Einschwingvorgänge. Solche Formeln können nur durch das Lösen von Differenzialgleichungen (z. B. mittels Exponentialansatz, Trennung der Variablen oder unter Zuhilfenahme der Laplacetransformation) unter Berücksichtigung von Anfangsbedingungen hergeleitet werden. Hier wird nur der Ansatz für den Ladevorgang kurz gezeigt, nicht aber das Lösen der Differenzialgleichung. Die Schaltung zum Laden eines Kondensators ist in Abb. 4.5 dargestellt.

Die Eingangsgröße ist die Eingangsspannung $U(t)$, die gesuchte Ausgangsgröße ist die Spannung $U_C(t)$ am Kondensator.

Ein Maschenumlauf ergibt:

**Abb. 4.5** Ein Kondensator wird geladen

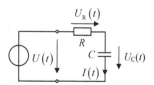

$$-U(t) + U_R(t) + U_C(t) = 0 \tag{4.11}$$

$$\text{Mit } U_R(t) = R \cdot I(t) \text{ und } I(t) = C \cdot \frac{dU_C(t)}{dt} \text{ folgt:}$$

$$-U(t) + R \cdot C \cdot \frac{dU_C(t)}{dt} + U_C(t) = 0 \tag{4.12}$$

Umstellen der Ausgangsgröße mit ihren Ableitungen auf die linke Seite der Differenzial-gleichung (DGL) und der Eingangsgröße auf die rechte Seite ergibt:

$$RC \cdot \frac{dU_C(t)}{dt} + U_C(t) = U(t) \tag{4.13}$$

Dies ist eine gewöhnliche lineare DGL 1. Ordnung mit konstanten Koeffizienten, die das Zeitverhalten des Systems beschreibt. Der konstante Koeffizient $RC$ wird durch den Wert des Widerstandes und des Kondensators festgelegt. Das Speicherelement in diesem System 1. Ordnung ist der Kondensator.

Unter Berücksichtigung bzw. Festlegung einer *Anfangsbedingung*, z. B. $U_C(t = 0) = 0$ für einen anfangs ungeladenen Kondensator, kann die DGL gelöst und die Funktion $U_C(t)$ in Abhängigkeit von $U(t)$ ermittelt werden, wenn $U(t)$ zum Zeitpunkt $t = 0$ von null auf einen Gleichspannungswert $U$ springt (eingeschaltet wird). Dies entspricht einer Erregung mit der Sprungfunktion $U(t) = U \cdot \sigma(t)$.

## 4.3    Spule

### 4.3.1   Aufbau und Eigenschaften

Grundlegende Kenntnisse des Magnetismus (Abschn. 2.3.4 Magnetostatisches Feld, Abschn. 2.3.5 Stoffe im magnetostatischen Feld, Abschn. 2.3.6 Beispiele magnetischer Felder) werden hier als bekannt vorausgesetzt.

Eine Spule (oft als *Induktivität* bezeichnet) besteht aus gegeneinander isolierten Drahtwindungen (Spulenwicklung, siehe Abb. 2.11). Ein ferromagnetischer Kern der Spule mit der Permeabilitätszahl $\mu_r \gg 1$ erhöht ihre Induktivität. Die Induktivität $L$ einer langen Zylinderspule ist:

$$L = \underbrace{\mu_0 \cdot \mu_r}_{\mu} \cdot \frac{A \cdot N^2}{l}; \ [L] = \Omega \cdot s = H \text{ (Henry)} \tag{4.14}$$

$\mu_0$ = magnetische Feldkonstante (Permeabilität des Vakuums)$=4 \cdot \pi \cdot 10^{-7}$ Vs/Am,
$\mu_r$ = Permeabilitätszahl des Spulenkernmaterials (relative Permeabilität),

$A$  =  Querschnittsfläche der Spule in m$^2$,
$N$  =  Windungszahl der Spule,
$l$  =  Länge der Spule in m (Meter).

Der Gleichstrom durch eine Spule entspricht nach dem ohmschen Gesetz der Gleichspannung an der Spule dividiert durch den Wicklungswiderstand. Der *Wicklungswiderstand* einer *idealen* Spule ist *null*. Der *Gleichstromwiderstand* einer idealen Spule ist
somit im *stationären* Zustand (Einschwingvorgänge sind abgeschlossen) *null*. Eine
ideale Spule *lässt Gleichstrom durch,* sie bildet für *Gleichspannung* einen *Kurzschluss.*
Die Schaltzeichen der idealen und der realen Spule zeigt Abb. 4.6. Der Wicklungswiderstand der realen Spule muss in ihrem Symbol extra als ohmscher Widerstand gezeichnet
werden. Die Kenngröße einer Spule ist ihre Induktivität $L$ in Henry (und zusätzlich evtl.
der ohmsche Wicklungswiderstand).

Die **Bauteilgleichung** für die Spule gibt den differenziellen Zusammenhang zwischen
Spannung und Strom an.

$$U(t) = L \cdot \frac{d\,I(t)}{d\,t} \tag{4.15}$$

$$\text{Daraus folgt: } I(t) = \frac{1}{L} \cdot \int_0^{t_1} U(t)\, d\,t + I(t = 0) \tag{4.16}$$

Der Term $I(t = 0)$ ist die Integrationskonstante. Sie ist die *Anfangsbedingung* und entspricht dem Strom, der zum Zeitpunkt $t = 0$ zu Beginn der Integration bereits durch die
Spule fließt.

Eine stromdurchflossene Spule nimmt folgende Augenblicksleistung auf:

$$P(t) = U(t) \cdot I(t) \tag{4.17}$$

Somit kann im Magnetfeld einer Spule folgende magnetische Energie gespeichert werden:

$$W_{\text{L}} = \frac{1}{2} \cdot L \cdot I^2; \; [W_{\text{L}}] = \text{Ws} = \text{J (Joule)} \tag{4.18}$$

Die gespeicherte Energie und daher auch der Strom durch die Spule kann sich in
Abhängigkeit der Zeit nur stetig *(nicht sprungartig)* ändern.

Ändert sich der magnetische Fluss $\Phi$ (Abschn. 2.3.4.4) durch eine Leiterschleife
(Spule), so wird in der Schleife eine Spannung induziert (erzeugt). Die Ursache für eine

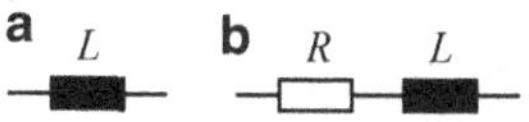

**Abb. 4.6**  Schaltzeichen der idealen (**a**) und der realen (**b**) Spule

zeitliche Änderung von $\Phi$ kann einerseits eine Bewegung der Leiterschleife in einem Magnetfeld sein. Dies ist das „Prinzip Generator". Andererseits ruft eine Stromänderung durch die Spule nach Gl. 2.16) eine Änderung der Feldstärke und in Folge nach Gl. 2.22) eine Änderung der Flussdichte $B$ und somit nach Gl. 2.16) eine Änderung von $\Phi$ hervor. Dies ist das „Prinzip Transformator".

Die induzierte Spannung $U_i$ ist zur Anzahl der Schleifenwindungen (*Windungszahl N* der Spule) *und* zur *Geschwindigkeit* der *Flussänderung* proportional. Außerdem ist nach dem Gesetz von H. Lenz die induzierte Spannung so gerichtet, dass ein durch sie erzeugtes Magnetfeld (bzw. ein erzeugter Strom) der induzierenden Ursache entgegenwirkt. Dies ist das Minuszeichen in Gl. (4.19). Das Induktionsgesetz von Faraday ist:

$$U_i(t) = -N \cdot \frac{d\Phi(t)}{dt} = -\frac{d\Psi(t)}{dt} \text{ mit } \Psi = N \cdot \Phi \qquad (4.19)$$

$\Psi$ wird als *Flussumschlingung* bezeichnet (Abschn. 2.3.4.4).

Ob im Ergebnis einer Berechnung das Minuszeichen in Gl. (4.19) angegeben wird, hängt vom Zweck der Bestimmung der Induktionsspannung $U_i$ ab. Wird nach einer erzeugten *Gegen*spannung gefragt, so sollte das Minuszeichen angegeben werden. Interessiert z. B. aus Gründen max. erlaubter Störspannungen nur die Höhe der induzierten Spannung $U_i$, so genügt es, deren absoluten Betrag anzugeben.

Ändert sich die Stromstärke durch eine Spule, so ändert sich auch ihr magnetisches Feld. Durch diese Flussänderung wird an den Anschlüssen der Spule eine Spannung erzeugt, die der vorausgegangenen Stromstärkenänderung entgegenwirkt. Diese Induktion in einer magnetfelderzeugenden Spule selbst wird **Selbstinduktion** genannt.

In vielen Fällen wird die Selbstinduktionsspannung einer idealen, langen Zylinderspule mit deren Induktivitätswert $L$ berechnet.

$$U_i(t) = -L \cdot \frac{dI(t)}{dt} \qquad (4.20)$$

Bis auf das Vorzeichen stimmt Gl. (4.20) mit der Bauteilgleichung Gl. (4.15) überein. Die Induktivität ist die kennzeichnende Größe einer Spule, eine Induktionsspannung einer bestimmten Größe zu erzeugen.

Ist die *Änderungsgeschwindigkeit* der Stromstärke *konstant*, so kann für eine einfachere Berechnung statt des Differenzialquotienten in Gl. (4.20) ein Differenzenquotient verwendet werden.

$$U_i = -L \cdot \frac{\Delta I}{\Delta t} \qquad (4.21)$$

Je kleiner $\Delta t$ wird (je schneller die Stromänderung und damit die magnetische Flussänderung erfolgt) desto größer wird $U_i$. Da $U_i$ der anliegenden, sich ändernden Spannung entgegenwirkt, nimmt der Widerstand der Spule mit wachsender Frequenz der Spannung an der Spule zu.

Der **Gleichstromwiderstand** einer idealen Spule **ist** im *stationären* Zustand (Einschwingvorgänge sind abgeschlossen) **null. Eine Spule lässt Gleichspannung durch.**

Der **Wechselstromwiderstand** einer idealen Spule wird mit **zunehmender Frequenz größer.** Der komplexe Widerstand der Spule ist

$$\underline{Z}_\mathrm{L} = j\omega\,L \tag{4.22}$$

mit dem Betrag (*induktiver Blindwiderstand*)

$$\underline{X}_\mathrm{L} = \omega L \tag{4.23}$$

Im Wechselstromkreis besteht bei einer Spule zwischen Strom und Spannung eine *Phasenverschiebung*, der *Strom eilt* bei der idealen Spule der *Spannung* um 90° *nach*.

### 4.3.2  Schaltvorgänge bei der Spule

An Gleichspannung erfolgt bei Schaltvorgängen (Ein-, Ausschalten) das Ansteigen und Abfallen von Spannung und Strom (ähnlich wie beim Kondensator) nach Exponentialgesetzen. Die Formeln zur Berechnung der Augenblickswerte von Spannung und Strom beim Ein- und Ausschalten einer Spule sind in Tab. 4.2 enthalten.

#### 4.3.2.1  Spule über *R* einschalten

Abb. 4.7 zeigt die Schaltung zum Einschalten einer Spule über einen Widerstand an eine Gleichspannungsquelle und den zeitlichen Verlauf vom Strom durch die Spule und der Spannung an der Spule.

Der Schalter S in Abb. 4.7 ist seit langer Zeit geöffnet, es fließt kein Strom durch die Spule. Somit besitzt sie auch kein Magnetfeld. Wird der Schalter S zum Zeitpunkt $t=0$ geschlossen, so wird an der Spule eine Spannung induziert, die nach der Regel von Lenz der induzierenden Ursache, nämlich der Spannungsquelle $U$, entgegenwirkt. Die Höhe dieser induzierten Spannung ist $U$, zum Zeitpunkt $t=0$ *springt* die Spannung $U_\mathrm{L}(t)$ an der Spule auf diesen Wert. Somit heben sich induzierende Spannung $U$ und induzierte Spannung $U_\mathrm{L}(t)$ gegenseitig auf, es ist $i_\mathrm{L}(0) = 0$. Im Einschaltmoment $t=0$ ist also der Widerstand der Spule unendlich groß, sie bildet einen Leerlauf.

Die Spannungsquelle $U$ ist eine technische Spannungsquelle (eine *aktive Spannung*). Dagegen ist die induzierte Spannung $U_\mathrm{L}(t)$ eine *passive Spannung* (wie der Spannungsabfall an einem ohmschen Widerstand). Eine passive Spannung kann keinen Strom

**Tab. 4.2**  Formeln für Spannung und Strom beim Ein- und Ausschalten einer Spule

|                    | Einschalten | Ausschalten |
|--------------------|-------------|-------------|
| Spulenspannung     | $U_\mathrm{L}(t) = U \cdot \mathrm{e}^{-\frac{R}{L} \cdot t}$ | $U_\mathrm{L}(t) = -U \cdot \mathrm{e}^{-\frac{R}{L} \cdot t}$ |
| Spulenstrom        | $I_\mathrm{L}(t) = \frac{U}{R} \cdot \left(1 - \mathrm{e}^{-\frac{R}{L} \cdot t}\right)$ | $I_\mathrm{L}(t) = \frac{U}{R} \cdot \mathrm{e}^{-\frac{R}{L} \cdot t}$ |

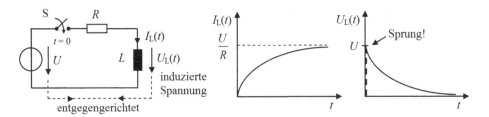

**Abb. 4.7** Schaltung zum Einschalten einer Spule über einen Widerstand an eine Gleich-spannungsquelle (**a**) und zeitlicher Verlauf vom Strom durch die Spule (**b**) und der Spannung an der Spule (**c**)

hervorzurufen, *sie entsteht erst durch die Wirkung eines Stromes*. Die Spannungsquelle $U$ ist sozusagen „stärker" als die durch den physikalischen Effekt der Induktion hervor-gerufene Spannung $U_L(t)$, $U$ treibt den Strom immer stärker durch die Spule. $I_L(t)$ nimmt zu und $U_L(t)$ nimmt ab. Nach unendlich langer Zeit ist $I_L(\infty) = \frac{U}{R}$ (der Strom wird nur durch den Wert von $R$ begrenzt) und $U_L(\infty) = 0$. Sehr lange Zeit nach dem Einschalten ist der Widerstand der Spule null, sie stellt einen *Kurzschluss* dar. Wichtig: Bei der Spule „springt" die Spannung. Als Merkhilfe kann dienen: Bei der Induktivität kommt der Strom zu spät.

Die folgende Größe wird als *Zeitkonstante* bezeichnet:

$$\underline{\underline{\tau = \frac{L}{R}}} \tag{4.24}$$

Nach $\tau$ ist $I_L$ auf $0,63 \cdot \frac{U}{R}$ (auf 63 % von $I_L(\infty)$) angestiegen, $U_L(t)$ ist auf 37 % von $U$ abgefallen.

### 4.3.2.2 Spule ausschalten (mit Abschaltstromkreis)

Abb. 4.8 zeigt die Schaltung zum Ausschalten einer Spule mit Abschaltstromkreis und den zeitlichen Verlauf vom Strom durch die Spule und der Spannung an der Spule.

Wird der Schalter S in Abb. 4.8 zum Zeitpunkt $t=0$ von der Stellung „Ein" in die Stellung „Aus" gebracht, so wird der Strom durch die Spule ausgeschaltet. In der Spule wird jetzt eine Spannung $U_L(t)$ induziert, die durch ihre Polarität dafür sorgt, dass der Strom durch die Spule zunächst in gleicher Richtung weiterfließt wie vor dem Aus-schalten (in der Stellung „Ein").

Die induzierte Spannung $U_L(t)$ will den Stromfluss $I_L(t)$ und somit das Magnetfeld aufrechterhalten. Da $U_L(t)$ keine technische Spannungsquelle ist, deren Wert durch die innere Wirkungsweise der Quelle konstant gehalten wird, wird ihr Wert kleiner, $U_L(t)$ und $I_L(t)$ nehmen ab. Nach unendlich langer Zeit ist $I_L(\infty) = 0$ und $U_L(\infty) = 0$. Sehr lange Zeit nach dem Ausschalten ist der Widerstand der Spule null, sie stellt einen *Kurz-schluss* dar. Dies ist der gleiche Sachverhalt wie sehr lange Zeit nach dem Einschalten der Spule.

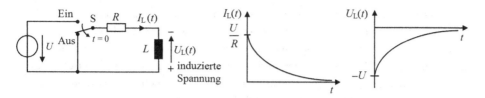

**Abb. 4.8** Schaltung zum Ausschalten einer Spule mit Abschaltstromkreis (**a**) und zeitlicher Verlauf des Stromes (**b**) und der Spannung (**c**)

Aus den Richtungen von $U_L(t)$ und $I_L(t)$ ist nach den Festlegungen für des Erzeuger- und Verbraucher-Zählpfeilsystems ersichtlich: Beim *Einschalten* wirkt $L$ wie ein *Verbraucher*, beim *Ausschalten* wie ein *Erzeuger*.

### 4.3.2.3 Spule ausschalten (ohne Abschaltstromkreis)

Je schneller das Ausschalten der Spule erfolgt, desto höher ist die induzierte Spannung. Mit Gl. (4.21) ist:

$$U_i = \underbrace{\lim_{\Delta t \to 0}}\left(-L \cdot \frac{\Delta I}{\Delta t}\right) \to \infty \qquad (4.25)$$

Ein plötzliches Abschalten des Stromes führt also zu einer sehr hohen Induktionsspannung, die vor allem Halbleiter-Bauelemente zerstören kann. Durch eine *Freilaufdiode* parallel zur Spule erfolgt eine Begrenzung der Abschalt-Induktionsspannung auf die Durchlassspannung der Diode.

In Tab. 4.3 ist die Art der Änderung von Spannung und Strom bei Schaltvorgängen an Kondensator und Spule zusammengefasst.

## 4.4 Idealer Transformator

Ein Transformator besteht aus zwei oder mehreren *magnetisch gekoppelten* Spulen mit oder ohne Eisenkern. Die Spulen können gleichsinnig oder gegensinnig gekoppelt sein. Im Normalbetrieb wird an die Primärspule eine zeitlich veränderliche Spannung angelegt und an der Sekundärspule die transformierte (größere oder kleinere) Spannung abgenommen. Die Sekundärspule ist mit einem ohmschen oder komplexen Widerstand belastet.

| **Tab. 4.3** Schaltvorgänge an $C$ und $L$, Art der Änderung von Spannung und Strom | | Stetige Änderung | Sprunghafte Änderung |
|---|---|---|---|
| | $C$ | $U_C(t)$ (gespeicherte Ladung) | $I_C(t)$ |
| | $L$ | $I_L(t)$ (gespeicherte Energie) | $U_L(t)$ |

Transformatoren werden für die Vergrösserung bzw. Verkleinerung von Wechsel-strömen bzw. Spannungen eingesetzt. Ein weiterer Einsatzfall ist die Impedanzanpassung von Quellen an Verbraucher, wobei die Impedanztransformation mit dem Faktor $\ddot{u}^2$ statt-findet. Auch eine Gleichstromisolation von Ein- und Ausgang (Potenzialtrennung) ist mit einem Übertrager möglich. Transformatoren werden auch zur Phasenumkehr von Wechselspannungen eingesetzt (z. B. durch Vertauschen der Primär-Anschlüsse). Das Schaltzeichen eines idealen Transformators zeigt Abb. 4.9.

Ein *idealer* Transformator dient zur vereinfachten Beschreibung des realen Trans-formators. Er hat *keine Übertragungsverluste,* die auf der Sekundärseite abgenommene Leistung ist gleich der auf der Primärseite aufgenommenen Leistung. Dies gilt auch für die Scheinleistung. Dies bedeutet ferner, dass der ideale Transformator für sinusförmige Spannungen und Ströme im Leerlauf ($I_2 = 0$) primärseitig keinen Strom aufnimmt ($I_1 = 0$).

Beim idealen Transformator werden folgende Verhältnisse für vollständig magnetisch gekoppelte Spulen angenommen:

- Die Leitfähigkeit der Wicklungen ist unendlich groß, es entstehen keine ohmschen Verluste im Kupfer der Wicklungen (keine Kupferverluste). Die ohmschen Wider-stände der Induktivitäten sind null.
- Im Eisen des Kerns gibt es keine Ummagnetisierungsverluste, die Fläche der Hystereseschleife des Magnetwerkstoffes geht gegen null.
- Die Permeabilität des Magnetwerkstoffes geht gegen unendlich, die Permeabilität der Luft geht gegen null, es gibt somit kein Streufeld.
- Die elektrische Leitfähigkeit des Magnetwerkstoffes geht gegen null, es gibt keine Wirbelströme.
- Es gibt keine Streuverluste, Primär- und Sekundärspule sind ideal gekoppelt. Für die Permeabilitätszahl des Kernmaterials gilt $\mu_r \to \infty$.

**Spannungen** beim idealen Transformator:

$$\frac{U_1}{U_2} = \sqrt{\frac{L_1}{L_2}} = \frac{N_1}{N_2} = \ddot{u} \qquad (4.26)$$

**Abb. 4.9** Schaltzeichen des idealen Transformators

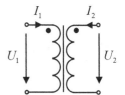

$U_1$ = Spannung auf der Primärseite,
$U_2$ = Spannung auf der Sekundärseite,
$L_1$ = Induktivität der Primärwicklung,
$L_2$ = Induktivität der Sekundärwicklung,
$N_1$ = Windungszahl der Primärwicklung,
$N_2$ = Windungszahl der Sekundärwicklung,
$ü$ = Übersetzungsverhältnis.

Die Spannungen $U_1$ und $U_2$ haben den gleichen zeitlichen Verlauf. Bei sinusförmiger Spannung $U_1$ ist $U_2$ ebenfalls sinusförmig und hat die gleiche Phasenlage wie $U_1$ (bei gleichem Wickelsinn).

**Scheinleistung** beim idealen Transformator.

$$\underline{S_1 = U_1 \cdot I_1 = S_2 = U_2 \cdot I_2} \tag{4.27}$$

**Ströme** beim idealen Transformator.

$$\underline{\frac{I_1}{I_2} = \frac{U_2}{U_1} = \frac{N_2}{N_1} = \frac{1}{ü}} \tag{4.28}$$

**Transformation von Widerständen**

Ist an der Sekundärseite die komplexe Last $\underline{Z}_L$ angeschlossen, so erscheint sie mit $ü^2$ multipliziert auf der Primärseite. Der Eingangswiderstand $\underline{Z}_e$, den eine an die Primärwicklung angeschlossene Quelle „sieht", ist dann:

$$\underline{\underline{Z}_e = ü^2 \cdot \underline{Z}_L} \tag{4.29}$$

Ist an der Primärseite eine Spannungsquelle mit dem Innenwiderstand $R_i$ angeschlossen, so erscheint dieser mit $\frac{1}{ü^2}$ multipliziert auf der Sekundärseite.

$$\underline{R_a = \frac{1}{ü^2} \cdot R_i} \tag{4.30}$$

Ein Transformator kann als ideal behandelt werden, falls gilt:

$$\underline{\left| \frac{Z_L}{j\omega L_2} \right| \ll 1} \tag{4.31}$$

## 4.4.1  Unabhängige Spannungs- und Stromquellen

Bei *unabhängigen* Quellen sind Quellenspannung bzw. Quellenstrom *nicht* von einer anderen, steuernden Größe abhängig. Eine *Quellenspannung* $U_q$ ist eine konstante Spannung, deren Höhe von Betriebsbedingungen unabhängig ist. Spannungsquellen haben *zwei* Anschlüsse *(Klemmen),* sie können elektrische Energiequellen für die Gleichspannungsversorgung elektronischer Schaltungen sein. Signalgeneratoren geben Wechselspannungen bzw. Wechselströme verschiedenster Form ab, sie dienen z. B. zur Erzeugung von Testsignalen.

Man unterscheidet zwischen *idealen* und *realen* Quellen. Ideale Quellen können nur annäherungsweise realisiert werden.

### 4.4.1.1 Ideale Quellen

**Ideale Spannungsquelle**
Bei der *idealen* Spannungsquelle mit dem Innenwiderstand $R_i = 0$ ist die Spannung an den beiden Klemmen (die *Klemmenspannung* $U_{Kl}$) *unabhängig* vom *Lastwiderstand* und somit *unabhängig* vom *Strom,* der durch eine angeschlossene Last fließt. $U_{Kl} = U_q$ bleibt konstant und wird nicht kleiner („bricht nicht zusammen"), egal wie niederohmig der Widerstand ist, der an die Klemmen angeschlossen wird. Selbst wenn dadurch bei einem Kurzschluss der beiden Klemmen theoretisch ein unendlich hoher Strom fließen würde, bleibt die Klemmenspannung $U_{Kl}$ unverändert bestehen, obwohl sie 0 V sein müsste *(Kurzschluss = 0 V zwischen den kurzgeschlossenen Punkten).* An diesem physikalischen Widerspruch ist zu erkennen, dass eine ideale Spannungsquelle nicht realisierbar und nur ein Denkmodell ist. Das Schaltzeichen der idealen Spannungsquelle zeigt Abb. 4.10.

Ein kleiner Kreis ist das Symbol für eine Klemme, ein Anschluss, in den z. B. ein Stecker eingesteckt werden kann. Die Quelle liefert die *Quellenspannung* $U_q$, die auch an den Klemmen als Klemmenspannung $U_{Kl}$ und direkt am Lastwiderstand $R_{Last}$ anliegt. Für die ideale Spannungsquelle gilt *unabhängig von der Größe der Last:*

$$\underline{\underline{U_{Kl} = U_q}} \tag{4.32}$$

Es können *drei Betriebsfälle* unterschieden werden.

1. *Leerlauf:* $R_{Last}$ ist unendlich groß (nicht vorhanden), somit ist $I = 0$.
2. *Lastfall:* $I$ stellt sich nach dem ohmschen Gesetz $I = U_q/R_{Last}$ entsprechend dem Lastwiderstand $R_{Last}$ ein.
3. *Kurzschluss: theoretisch* $I \to \infty$, $U_{Kl} = U_q$.

**Abb. 4.10** Eine ideale Spannungsquelle

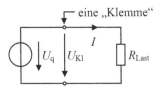

**Ideale Stromquelle**

Bei der *idealen* Stromquelle mit dem Innenwiderstand $R_i = \infty$ bleibt der Strom durch die beiden Klemmen *unabhängig* vom *Lastwiderstand* konstant. Eine *ideale Stromquelle* (Konstantstromquelle) liefert einen konstanten *(eingeprägten)* Strom $I_q$, unabhängig von der Größe der angeschlossenen Last. $I_q$ bleibt konstant und wird nicht kleiner, egal wie groß der Widerstand ist, der an die Klemmen angeschlossen wird. Selbst wenn an die Klemmen nichts angeschlossen wäre und dadurch der Strom 0 A sein müsste, fließt der Strom bei offenen Klemmen in gleicher Höhe weiter. An diesem physikalischen Widerspruch ist zu erkennen, dass eine ideale Stromquelle nicht realisierbar und nur ein Denkmodell ist. Das Schaltzeichen der idealen Stromquelle zeigt Abb. 4.11.

Die Quelle liefert den *Quellenstrom* $I_q$, der auch durch den Lastwiderstand $R_{Last}$ fließt. Für die ideale Stromquelle gilt *unabhängig von der Größe der Last:*

$$\underline{I_q = \text{konstant}} \tag{4.33}$$

Es können *drei Betriebsfälle* unterschieden werden.

1. *Leerlauf:* Die Klemmenspannung $U_{Kl}$ würde theoretisch unendlich groß. Grund: Eine Stromquelle ist eine Regeleinrichtung, die bei einer Änderung der Größe der angeschlossenen Last versucht, die Klemmenspannung $U_{Kl}$ so zu vergrößern oder zu verkleinern, dass wieder der Strom in ursprünglicher Höhe fließt.
2. *Lastfall:* Die Klemmenspannung $U_{Kl}$ stellt sich nach dem ohmschen Gesetz $U_{Kl} = I_q \cdot R_{Last}$ entsprechend dem (vorgegebenen) Quellenstrom $I_q$ ein.
3. *Kurzschluss:* entsprechend $R_{Last} = 0$ wird $U_{Kl} = 0$.

### 4.4.1.2 Reale Quellen

**Reale Spannungsquelle**

Eine *reale* Spannungsquelle besteht aus einer idealen Spannungsquelle und einem in Reihe geschalteten ohmschen Widerstand, dem Innenwiderstand $R_i$ (Abb. 4.12a). Die Klemmenspannung $U_{Kl}$ (= Spannung $U_L$ an der Last $R_{Last}$) nimmt mit wachsendem Laststrom $I_L$ linear ab (Abb. 4.12b).

$$\underline{U_{Kl} = U_L = -R_i \cdot I_L + U_q} \tag{4.34}$$

**Abb. 4.11** Eine ideale Stromquelle

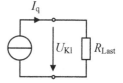

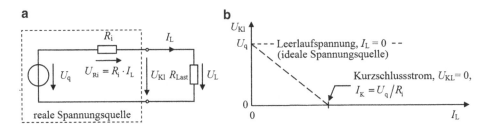

**Abb. 4.12** Belastete reale Spannungsquelle (**a**) und zugehörige Spannungs-Strom-Kennlinie (**b**)

$U_{Kl}$ = $U_L$ = Klemmenspannung = Lastspannung,
$R_i$ = Innenwiderstand,
$I_L$ = Laststrom,
$U_q$ = Quellenspannung der idealen Spannungsquelle

Der Innenwiderstand $R_i$ ist bedingt durch den technischen Aufbau einer Spannungsquelle. In ihm ist der Widerstand unterschiedlicher Strecken von Materie zusammengefasst, die der Elektronenbewegung einen Widerstand entgegensetzen. (4.34) ist die Gleichung einer Geraden mit negativer Steigung. Es ist ersichtlich, dass die Klemmenspannung $U_{Kl}$ und somit die Spannung an der Last $U_L$ um den Spannungsabfall am Innenwiderstand $U_{Ri}$ kleiner ist als die Quellenspannung $U_q$, die der Leerlaufspannung (ohne Last) entspricht. $U_{Ri}$ „fehlt" an der Last. Eine Spannungsquelle ist umso besser, je weniger ihre Spannung bei Belastung zusammenbricht, also je kleiner $R_i$ ist. Ein Autoakkumulator hat einen sehr kleinen Innenwiderstand.

*Bestimmung Innenwiderstand*

Der Innenwiderstand einer Spannungsquelle kann durch Messungen bei zwei beliebigen Lastfällen ermittelt werden. Vereinfacht für einen Fall als Leerlauf:

1. Es wird die Leerlaufspannung $U_q$ gemessen. Der Strom ist dabei null.
2. Es wird die Lastspannung $U_L$ und der zugehörige Laststrom $I_L$ gemessen.
3. Der Innenwiderstand ergibt sich aus der kleinen Rechnung:

$$R_i = \frac{\Delta U}{\Delta I} = \frac{U_q - U_L}{I_L} \tag{4.35}$$

Die Kennlinie eines Lastwiderstandes $R_{Last}$ wird als *Lastgerade* bezeichnet. Sie wird durch folgende Gleichung beschrieben:

$$U_{Kl}(I_L) = R_{Last} \cdot I_L \tag{4.36}$$

Der Schnittpunkt der beiden Geraden Gl. (4.34) und (4.36) ergibt den **Arbeitspunkt** (AP) für den Betriebsfall „Last" mit dem Wertepaar ($U_{Kl}$, $I_L$).

Die von einer realen Spannungsquelle an einen ohmschen Verbraucher abgegebene Leistung ist $P_\mathrm{L} = R_\mathrm{Last} \cdot I_\mathrm{L}^2$ mit $I_\mathrm{L} = U_\mathrm{q}/(R_\mathrm{i} + R_\mathrm{Last})$. Daraus folgt:

$$P_\mathrm{L} = \frac{R_\mathrm{Last}}{(R_\mathrm{i} + R_\mathrm{Last})^2} \cdot U_\mathrm{q}^2 \tag{4.37}$$

Wird eine reale Spannungsquelle mit dem Innenwiderstand $R_\mathrm{i}$ mit einem Lastwiderstand

$$R_\mathrm{Last} = R_\mathrm{i} \tag{4.38}$$

belastet, so liegt **Leistungsanpassung** vor, die von der Quelle an die Last abgegebene Leistung ist dann *maximal*. Sie beträgt (erste Ableitung von Gl. (4.37) nach $R_\mathrm{Last}$ null setzen):

$$P_\mathrm{max} = \frac{U_\mathrm{q}^2}{4 \cdot R_\mathrm{Last}} \tag{4.39}$$

$U_\mathrm{q}$ = Leerlaufspannung,
$R_\mathrm{Last}$ = Lastwiderstand

**Reale Stromquelle**
Eine *reale* Stromquelle besteht aus einer idealen Stromquelle und einem parallel dazu geschalteten ohmschen Widerstand, dem Innenwiderstand $R_\mathrm{i}$ (Abb. 4.13a). Bei der realen Stromquelle ist der gelieferte Strom von der Last abhängig. Dies wird durch den Innenwiderstand berücksichtigt, der parallel zur angeschlossenen Last liegt.

Der Klemmenstrom $I_\mathrm{L}$ (= Strom durch die Last $R_\mathrm{Last}$) nimmt mit wachsender Klemmenspannung $U_\mathrm{Kl}$ linear ab (Abb. 4.13b).

$$I_\mathrm{L}(U_\mathrm{Kl}) = -\frac{1}{R_\mathrm{i}} \cdot U_\mathrm{Kl} + I_\mathrm{q} \tag{4.40}$$

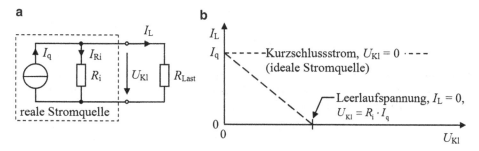

**Abb. 4.13** Belastete reale Stromquelle (**a**) und zugehörige Strom-Spannungs-Kennlinie (**b**)

Der Innenwiderstand kann wieder aus einer Messung der Klemmenspannung und des zugehörigen Laststromes berechnet werden.

$$R_i = \frac{U_{Kl}}{I_q - I_L} \tag{4.41}$$

Anmerkung: Reale Spannungs- und Stromquellen lassen sich ineinander umwandeln.

### 4.4.2 Gesteuerte Quellen

Bei gesteuerten Quellen sind Quellenspannung bzw. Quellenstrom von einer steuernden Größe abhängig. Diese Steuergröße kann ein Strom oder eine Spannung sein, welche an irgendeiner Stelle der elektronischen Schaltung abgenommen wird. Somit lassen sich vier Arten gesteuerter Quellen unterscheiden:

* stromgesteuerte Stromquelle,
* spannungsgesteuerte Stromquelle,
* stromgesteuerte Spannungsquelle,
* spannungsgesteuerte Spannungsquelle.

Ein bekanntes Beispiel für die Verwendung gesteuerter Quellen bei der Beschreibung von Halbleiter-Bauelementen ist der Bipolar-Transistor. Für ihn gibt es verschiedene Ersatzschaltungen mit gesteuerten Quellen. Dadurch gelingt eine erhebliche Vereinfachung der Schaltungsanalyse. Abb. 4.14 zeigt als Beispiel ein Kleinsignalersatzschaltbild eines Bipolartransistors mit einer stromgesteuerten Stromquelle.

$h_{11} =$ Eingangswiderstand im Arbeitspunkt,
$h_{21} \cdot i_B = \beta \cdot i_B =$ stromgesteuerte Stromquelle.

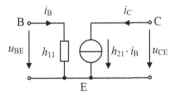

**Abb. 4.14** Darstellung der Wirkungsweise eines Bipolartransistors durch ein formales Kleinsignalersatzschaltbild mit einer stromgesteuerten Stromquelle, Kollektorstrom $i_C$ in Abhängigkeit der Stromverstärkung $\beta$ und des Basisstromes $i_B$

# Stromkreise

5

## 5.1 Schaltbild, Schaltzeichen, Zählpfeile

Stromkreise elektrischer oder elektronischer Schaltungen werden durch *Schaltbilder* (*Schaltpläne*, Stromlaufpläne) dargestellt. Mittels *Schaltzeichen* (Symbolen) für Bauelemente als kleinste Funktionseinheiten werden in einem Schaltbild Aufbau und Funktionsweise einer elektrischen oder elektronischen Einheit erläutert. Einige Schaltzeichen zeigt Abb. 5.1. Zu beachten ist, dass Schaltzeichen gedreht und gespiegelt dargestellt werden können. Verbindungsleitungen sind möglichst rechtwinklig und kreuzungsfrei zu zeichnen. Spannungen können in Schaltbildern mit Zählpfeilen oder (oft ungewohnt aber platzsparend) als Potenzial unter Bezug auf Masse ($\perp$) angegeben werden.

Elektrischer Strom fließt immer in einem geschlossenen Kreis. Der Stromfluss wird durch eine Quelle getrieben und durch eine Last (= Verbraucher als Energiewandler) begrenzt. In Schaltbildern geben Zählpfeile (Bezugspfeile) die *Zähl*richtung von Spannungen und Strömen an. **Zählpfeile** für **Gleichspannungen** zeigen immer **von Plus nach Minus.** Der Zählpfeil eines Stromes weist üblicherweise in die *technische Stromrichtung* von Plus nach Minus.

Unter Beachtung der Festlegungen beim Erzeuger- und Verbraucher-Zählpfeilsystem können zur Schaltungsberechnung die Zählpfeile zunächst in willkürlicher Richtung in ein Schaltbild eingetragen werden. Ist die tatsächliche Richtung einer Spannung oder eines Stromes entgegengesetzt zu der Richtung eines eingezeichneten Zählpfeiles, so erhält der Spannungs- oder Stromwert ein negatives Vorzeichen. Zählpfeile geben also nicht unbedingt die tatsächliche Richtung von Spannung oder Strom an.

© Springer Fachmedien Wiesbaden GmbH, ein Teil von Springer Nature 2021
L. Stiny, *Schnelleinführung Elektrotechnik*, https://doi.org/10.1007/978-3-658-28967-6_5

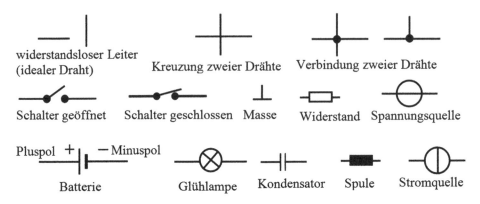

**Abb. 5.1**  Beispiele von Schaltzeichen

## 5.2    Erzeuger- und Verbraucher-Zählpfeilsystem

Ein geschlossener elektrischer Stromkreis besteht aus mindestens einem Erzeuger (einer Quelle) und einem Verbraucher (einer Last).

**Im Verbraucher haben die Zählpfeile für Spannung und Strom die gleiche Richtung** (Abb. 5.2).

**Im Erzeuger sind die Zählpfeile für Spannung und Strom entgegengesetzt gerichtet** (Abb. 5.2).

## 5.3    Kirchhoff'sche Gesetze

Für die Analyse (Berechnung von Spannungen und Strömen) von *verzweigten* Stromkreisen sind die *kirchhoffschen Gesetze* von fundamentaler Bedeutung. Mit den kirchhoffschen Gesetzen und den *Bauteilgleichungen* Gl. (4.1), (4.5) und (4.15) lassen sich Spannungen und Ströme an jeder Stelle einer verzweigten elektronischen Schaltung berechnen. Werden komplexe Größen verwendet, so gelten die kirchhoffschen Gesetze auch für Wechselstromsysteme, es kann dann wie bei Gleichstromsystemen gerechnet

**Abb. 5.2**  Zum Erzeuger- und Verbraucher-Zählpfeilsystem

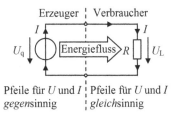

werden. In den komplexen Größen sind die Phasenlagen der Ströme und Spannungen zueinander enthalten und werden dadurch bei der Rechnung automatisch berücksichtigt.

### 5.3.1 Die Knotenregel (1. Kirchhoff'sches Gesetz)

Als *Knoten* (oder Knotenpunkt) ist ein Schaltungspunkt definiert, an dem mehrere Bauelemente angeschlossen sind und eine Verzweigung eines Stromes auftritt. In einem Knotenpunkt kann keine Ladung gespeichert werden, somit gilt:

*In einem Knoten ist die Summe aller zufließenden Ströme gleich der Summe aller abfließenden Ströme.* Oder: **In einem Knoten ist die Summe aller Ströme gleich null.**

Haben in einen Knoten hineinfließende Ströme positives Vorzeichen, und von einem Knoten wegfließende Ströme negatives Vorzeichen, so lässt sich das 1. Kirchhoffsche Gesetz durch folgende Gleichung ausdrücken:

$$\underline{I_1 + I_2 + \ldots + I_n = 0} \tag{5.1}$$

Ein Beispiel zur Knotenregel zeigt Abb. 5.3.

$$\text{Knoten } K_1\colon I_{ges} - I_1 - I_2 = 0$$
$$\text{Knoten } K_2\colon I_1 + I_2 - I_{ges} = 0$$

### 5.3.2 Die Maschenregel (2. Kirchhoff'sches Gesetz)

Eine *Masche* ist eine geschlossene Schleife (ein in sich geschlossener Leitungszug) in einem Netzwerk. Maschen sind die unterschiedlichen, stromdurchflossenen Wege einer Schaltung. Eine Masche setzt sich aus mehreren Zweigen zusammen. Ein *Zweig* ist eine *leitende Verbindung zwischen zwei Knoten.*

Durchläuft man von einem Knoten ausgehend auf beliebigem Weg eine Masche und kehrt zum Ausgangsknoten zurück, so durchfährt man eine Anzahl von Spannungen in den Zweigen. Eine *Spannung* wird dabei als *positiv* angesehen, wenn die *Umlaufrichtung* der Masche und der *Bezugspfeil der Spannung gleichgerichtet* sind, andernfalls negativ. Die Umlaufrichtungen der Maschen können *willkürlich gewählt* werden.

Werden diese Spannungsrichtungen berücksichtigt, so gilt die Maschenregel:

*Fährt man von einem Knoten auf beliebigem Weg zu ihm selbst zurück, so ist die Summe aller Spannungen gleich null.* Oder: **In einer Masche ist die Summe aller Spannungen gleich null.**

**Abb. 5.3** Beispiel zur Knotenregel mit Zählpfeilen für die Ströme

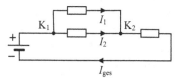

**Abb. 5.4** Masche eines
Netzwerkes mit Zählpfeilen für
die Spannungen

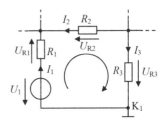

$$U_1 + U_2 + \ldots + U_n = 0 \qquad\qquad (5.2)$$

Abb. 5.4 zeigt ein Beispiel für die Maschenregel. Als Start- und Endpunkt wird willkürlich der Knoten $K_1$ gewählt.

$$-U_1 + U_{R1} - U_{R2} + U_{R3} = 0$$
$$-U_1 + I_1 \cdot R_1 - I_2 \cdot R_2 + I_3 \cdot R_3 = 0$$

Zur Anwendung der Kirchhoffschen Gesetze müssen *alle* auftretenden *Spannungen und Ströme* mit *Richtungspfeilen* versehen werden. Ergeben sich die Richtungen nicht aus der Schaltung, so können sie auch willkürlich gewählt werden. Ergibt sich nach der Berechnung einer Größe, z. B. für eine Spannung, ein Ergebnis mit positivem Vorzeichen, so stimmt die tatsächliche Polarität der Spannung mit der anfangs willkürlich gewählten Bezugsrichtung überein. Hat das Ergebnis ein negatives Vorzeichen, so hat die Spannung umgekehrte Polarität gegenüber dem Bezugspfeil. Das Selbe gilt für die Flussrichtung von Strömen.

## 5.4  Analyseverfahren

Zur Analyse elektrischer Netzwerke werden die **Maschenanalyse**, die **Knotenanalyse**, der **Überlagerungssatz** und der **Satz von der Ersatzspannungsquelle** verwendet.

### 5.4.1  Maschen-/Knotenanalyse

Bei der Maschenstromanalyse werden nur Maschengleichungen benutzt, bei der Knotenpotenzialanalyse nur Knotengleichungen. In das Schaltbild werden Zählpfeile für Ströme und Spannungen unter Beachtung der Festlegungen beim Erzeuger- und Verbraucher-Zählpfeilsystem eingetragen. Ist $k$ die Anzahl der Knoten im Netzwerk, so werden $(k-1)$ linear unabhängige Knotengleichungen aufgestellt. Ist $z$ die Anzahl der Zweige im Netzwerk, so werden $m = z - k + 1$ *linear unabhängige* Maschengleichungen aufgestellt. Linear unabhängig sind die Maschengleichungen dann, wenn nur die *inneren* Maschen des Netzwerks verwendet werden (die „Löcher" im Schaltbild).

Sind die Gleichungen *nicht* linear unabhängig, so kann ein unsinniges Ergebnis wie „7 = 7" oder „$R_1 = R_1$" die Folge sein.

Bauteilgleichungen werden eingesetzt, um aus einer Größe (z. B. einer Spannung) die jeweils andere Größe (z. B. den Strom) zu berechnen. Das entstandene Gleichungssystem wird gelöst. Hierbei werden häufig Methoden der Matrizenrechnung angewandt.

### 5.4.2 Überlagerungssatz

*Voraussetzung* ist, dass *mindestens zwei* Quellen im Netzwerk vorhanden sind. Das Analyseverfahren kann vorteilhaft angewandt werden, wenn nur *eine Größe* zu berechnen ist, oder wenn das Verfahren bei den einzelnen Schritten zu *vereinfachten Strukturen* des Netzwerks führt. – Der Überlagerungssatz kann bei einem linearen Netzwerk mit *mehreren Quellen* von Nutzen sein. Es werden alle Quellen *außer einer* zu null gesetzt (deaktiviert). Dazu wird eine *ideale Spannungsquelle* durch einen *Kurzschluss,* eine *ideale Stromquelle* durch einen *Leerlauf* ersetzt (aus dem Netzwerk entfernt). Der Wirkanteil dieser einen Quelle wird berechnet. So wird nacheinander für alle Quellen verfahren. Nach der Berechnung des Wirkanteils jeder Quelle werden *alle Anteile summiert.* Man erhält dadurch die gesamte Zweigspannung oder den gesamten Zweigstrom, wenn alle Quellen wirken.

Der Überlagerungssatz gilt auch in der Wechselstromtechnik bei Verwendung komplexer Größen.

### 5.4.3 Satz von der Ersatzspannungsquelle

Soll ausschließlich der Strom in *einem bestimmten* Zweig eines Netzwerkes berechnet werden, so kann dies mit einer Ersatzspannungsquelle erfolgen. Man kann sich das gesamte übrige Netzwerk, das diesen Zweig umgibt, ersetzt denken durch eine Spannungsquelle mit Innenwiderstand.

Jedes lineare Netzwerk mit beliebig vielen Quellen und Widerständen lässt sich bezüglich zweier beliebiger Klemmen durch eine Ersatzspannungs- oder Ersatzstromquelle nachbilden. Bezüglich der Klemmen verhalten sich beide Ersatzschaltungen genauso wie das ursprüngliche Netzwerk. Ob man eine Ersatzspannungs- oder Ersatzstromquelle verwendet, hängt von der jeweils vorliegenden Aufgabenstellung ab. Die Daten (die charakteristischen Größen) der Ersatzquellen können *aus zwei der drei Größen Leerlaufspannung, Kurzschlussstrom* und *Innenwiderstand* abgeleitet werden. Durch *zwei* dieser drei Größen ist die Ersatzquelle eindeutig beschrieben.

Das Vorgehen ist Folgendes.

Der Widerstand, durch den der zu bestimmende Strom fließt, wird als Lastwiderstand angesehen und zunächst entfernt (der Zweig wird aufgetrennt). Die Spannung zwischen den Anschlusspunkten des aufgetrennten Zweiges wird berechnet. Als Ergebnis erhält man die *Leerlaufspannung* der Ersatzspannungsquelle.

Der *Innenwiderstand* ist häufig am einfachsten zu bestimmen. Dazu werden *ideale Spannungsquellen* im Netzwerk, die ja den Innenwiderstand null haben, durch einen *Kurzschluss ersetzt,* und *ideale Stromquellen* werden *unterbrochen.* Jetzt wird der Widerstand zwischen den Anschlusspunkten des aufgetrennten Zweiges bestimmt. *Dieser Ersatzwiderstand* ist dann der *Innenwiderstand* der Ersatzspannungsquelle. An die so ermittelte Spannungsquelle mit Innenwiderstand wird der Lastwiderstand angeschlossen. Der Strom kann jetzt leicht aus der Spannung und der Reihenschaltung aus Innenwiderstand und Lastwiderstand berechnet werden.

### 5.4.4   Anwendung der Analyseverfahren

Die Analyse einer größeren elektronischen Schaltung ist von Hand mit Schreibstift und Papier oft sehr mühsam und fehleranfällig. Die genannten Analyseverfahren können dazu dienen, Grundschaltungen und kleine Teile einer Schaltung auf ihr Verhalten zu untersuchen. Durch das Aufstellen analytischer Ausdrücke erhält man die formelmäßige Beschreibung einer Größe in einer Schaltung in Abhängigkeit von den Werten anderer Bauelemente. Somit kann die Auswirkung einer Änderung eines Bauelementewertes beurteilt und eine zielgerichtete Schaltungsdimensionierung gesichert werden.

Wechselstromkreise können unter Verwendung komplexer Größen berechnet werden. Die komplexe Schaltungsanalyse ist allerdings *nicht* geeignet

- für nichtlineare Systeme,
- für nicht eingeschwungene Systeme,
- bei nicht sinusförmiger Anregung,
- bei gleichzeitiger Anregung mit unterschiedlichen Frequenzen.

# Einfache Grundschaltungen

6

## 6.1 Reihenschaltungen an Gleichspannung

### 6.1.1 Reihenschaltung ohmscher Widerstände

Werden Bauelemente mit zwei Anschlüssen *(Zweipole)* ohne Abzweigung an den Verbindungsstellen miteinander verbunden, so handelt es sich um eine *Reihenschaltung* (Serienschaltung, Hintereinanderschaltung). Die Anzahl der in Reihe geschalteten Bauelemente ist mindestens zwei und kann beliebig groß sein. Werden zwei gepolte Bauelemente (z. B. Dioden) mit *entgegengesetzter* Polung in Reihe geschaltet, so spricht man von einer *antiseriellen* Schaltung. – Da bei der reinen Reihenschaltung von Zweipolen *keine Stromverzweigung* auftritt, werden alle Zweipole vom gleichen Strom $I$ durchflossen. Es ist das *Kennzeichen* der Reihenschaltung, dass *an jeder Stelle* des Stromkreises die *Stromstärke gleich groß* ist. Nach der Knotenregel fließt der Strom $I$ durch alle in Reihe geschalteten Widerstände. An diesen werden Spannungsabfälle erzeugt, deren Größe gemäß dem ohmschen Gesetz durch die einzelnen Widerstandswerte festgelegt ist. Entsprechend der Maschenregel ist die Summe aller Teilspannungen an den Widerständen gleich der an die Reihenschaltung angelegten Spannung $U$. Abb. 6.1a zeigt die Reihenschaltung von ohmschen Widerständen. Diese Reihenschaltung mehrerer ohmscher Widerstände kann durch eine Schaltung mit einem einzigen ohmschen Widerstand mit dem Wert $R_{\text{ges}}$ ersetzt werden. Diese Ersatzschaltung Abb. 6.1b ist bezüglich des Stromes $I$ und der Spannung $U$ identisch mit der Reihenschaltung Abb. 6.1a.

In einer Reihenschaltung ist:

- Die Stromstärke in allen Teilwiderständen gleich groß.

$$\underline{I = I_1 = I_2 = \ldots = I_n} \tag{6.1}$$

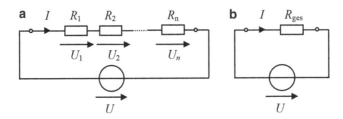

**Abb. 6.1** Reihenschaltung von ohmschen Widerständen (**a**) und Ersatzschaltung mit Ersatzwiderstand (**b**)

- Die Gesamtspannung gleich der Summe der Teilspannungen.

$$U = U_1 + U_2 + \ldots + U_\mathrm{n} \tag{6.2}$$

- Jede Teilspannung nach dem ohmschen Gesetz berechenbar.

$$U_1 = R_1 \cdot I; \quad U_2 = R_2 \cdot I; \quad U_\mathrm{n} = R_\mathrm{n} \cdot I \tag{6.3}$$

- Der Gesamtwiderstand (Ersatzwiderstand) gleich der Summe der Teilwiderstände. Er ist stets größer, als der größte der Einzelwiderstände.

$$R_\mathrm{ges} = R_1 + R_2 + \ldots + R_\mathrm{n} \tag{6.4}$$

- Die Belastung des Teilwiderstandes $R_\mathrm{x}$ mit dem größten Widerstandswert (und somit des größten Spannungsabfalls $U_\mathrm{x}$) am größten, da gilt:

$$P_\mathrm{x} = U_\mathrm{x} \cdot I \tag{6.5}$$

Ist ein Teilwiderstand sehr viel größer als die anderen Widerstände, so ist der Gesamtwiderstand näherungsweise gleich dem großen Teilwiderstand.

Ist ein Teilwiderstand sehr viel kleiner als die anderen Widerstände, so ist der Gesamtwiderstand näherungsweise unabhängig von diesem kleinen Teilwiderstand.

### 6.1.2 Anwendungen der Reihenschaltung ohmscher Widerstände

#### 6.1.2.1 Ersatz eines Widerstandswertes

Ist im Labor ein Widerstand mit einem bestimmten Wert nicht vorrätig, so kann er durch eine Reihenschaltung aus zwei oder mehreren Widerständen ersetzt werden. Dabei ist die Toleranz der einzelnen Widerstände und die sich ergebende Toleranz der Reihenschaltung zu beachten.

### 6.1.2.2 Der Spannungsteiler

Da sich bei der Reihenschaltung von ohmschen Widerständen die Teilspannungen an den einzelnen Widerständen entsprechend deren Größe aufteilen, spricht man auch von einer Spannungsteilung. Liegt an der Reihenschaltung von $n$ Widerständen die Spannung $U$, so kann die Teilspannung $U_x$ am Widerstand $R_x$ berechnet werden. In Abb. 6.2 ist ein Spannungsteiler aus ohmschen Widerständen dargestellt.

Der Wert der Teilspannung $U_x$ am Teilwiderstand $R_x$ kann mit der **Spannungsteilerformel** Gl. (6.6) berechnet werden.

$$U_x = U \cdot \frac{R_x}{R_{ges}} = U \cdot \frac{R_x}{R_1 + R_2 + \ldots + R_x + \ldots + R_n} \tag{6.6}$$

In der Praxis benötigt man oft Spannungen, die als Teilspannungen von einer größeren, in der Schaltung bereits vorhandenen Gesamtspannung gewonnen werden können. Ein Beispiel hierfür ist die Arbeitspunkteinstellung eines Transistors. Die einfachste Art, eine gewünschte kleinere Spannung aus einer größeren Spannung zu gewinnen, ist der ohmsche Spannungsteiler. Sehr häufig wird der ohmsche Spannungsteiler aus zwei diskreten Widerständen aufgebaut. Es liegt dann ein festes Spannungsteilerverhältnis vor. Die Eingangsspannung $U_e$ wird auf die Ausgangsspannung $U_a$ heruntergeteilt (Abb. 6.3).

$$U_a = U_e \cdot \frac{R_1}{R_1 + R_2} \tag{6.7}$$

(6.7) gilt nur für den *unbelasteten* Spannungsteiler, bei dem kein Ausgangsstrom $I_L$ fließt. Parallel zu $R_2$ darf also kein Lastwiderstand liegen ($R_L \to \infty$, Leerlauf). Unbelastete Spannungsteiler sollten hochohmig dimensioniert werden, damit die

**Abb. 6.2** Spannungsteiler aus ohmschen Widerständen

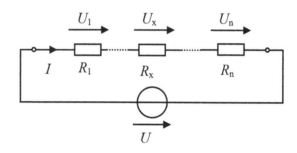

**Abb. 6.3** Spannungsteiler aus zwei Widerständen mit festen Werten

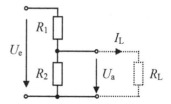

Eingangsspannungsquelle $U_e$ nicht unnötig belastet wird. Bei einem *belasteten* Spannungsteiler ist der Lastwiderstand $R_L$ parallel zu $R_2$ in der Spannungsteilerformel Gl. (6.7) zu berücksichtigen.

Soll das Spannungsteilerverhältnis nicht fest sondern einstellbar sein, so kann ein *Potenziometer* verwendet werden (Abb. 6.4). Bezogen auf die Schleiferstellung kann das Teilerverhältnis je nach Widerstandsverlauf des Potenziometers linear, positiv oder negativ logarithmisch, positiv oder negativ exponentiell oder in einer S-Kurve verlaufen.

### 6.1.2.3 Vorwiderstand

Eine weitere Anwendung der Reihenschaltung von ohmschen Widerständen ist die Reduzierung einer Spannung für einen Verbraucher. Durch den Spannungsabfall an einem *Vorwiderstand* kann die an einem Verbraucher anliegende Spannung so verringert werden, dass der Verbraucher an einer höheren als seiner maximal erlaubten Nennspannung betrieben werden kann. Ausgenutzt wird dabei das Prinzip des Spannungsteilers. Eine Glühlampe für 12 V kann z. B. mit einem Vorwiderstand an einer Spannungsquelle mit 24 V betrieben werden (Abb. 6.5). Der Strom $I$ ergibt sich aus der Leistung der Glühlampe $P$ zu $I = \frac{P}{U_L}$. Der Wert von $R_V$ muss so gewählt werden, dass bei dem fließenden Strom $I$ an $R_V$ ebenfalls (wie an der Glühlampe auch) $U_V = 12$ V abfallen: $R_V = \frac{U_V}{I} = \frac{U_V \cdot U_L}{P}$.

### 6.1.2.4 Messbereichserweiterung Spannungsmesser

Auch die Erweiterung des Messbereichs eines Voltmeters nutzt das Prinzip des Spannungsteilers. Soll mit einem Voltmeter eine größere Spannung gemessen werden als diejenige, welche dem Vollausschlag des Messinstruments entspricht, so kann ein Vorwiderstand die Spannung an den Klemmen des Messinstruments auf den Wert des Vollausschlags $U_M$ herabsetzen. Der Innenwiderstand des Voltmeters *(Messwerkwiderstand*

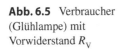

**Abb. 6.4**  Potenziometer als einstellbarer Spannungsteiler, $U_a$ wird nach Gl. (6.6) berechnet

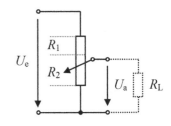

**Abb. 6.5**  Verbraucher (Glühlampe) mit Vorwiderstand $R_V$

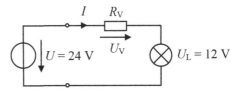

$R_{mi}$) und der Vorwiderstand $R_V$ bilden einen Spannungsteiler. Zur Berechnung des Vorwiderstandes $R_V$ für den auf das $x$-fache erweiterten Messbereich $U_{Mess} = x \cdot U_M$ muss der Messbereich (Vollausschlag) $U_M$ des Voltmeters und dessen Innenwiderstand $R_{mi}$ bekannt sein.

$$R_V = (x - 1) \cdot R_{mi} \tag{6.8}$$

### 6.1.3 Reihenschaltung von Kondensatoren

Im Gleichstromkreis nimmt jeder Kondensator die gleiche Ladung auf. Die Ersatzkapazität von $n$ in Reihe geschalteten Kondensatoren ist:

$$C_{ges} = \frac{1}{\frac{1}{C_1} + \frac{1}{C_2} + \ldots + \frac{1}{C_n}} \tag{6.9}$$

$C_{ges}$ ist stets kleiner als die kleinste Kapazität der einzelnen Kondensatoren.

An *kleinen* Kondensatoren liegt eine *große* Spannung an und umgekehrt.

Sind $n$ Kondensatoren an der Gesamtspannung $U$ in Reihe geschaltet, so ist die Teilspannung $U_x$ am Kondensator $C_x$:

$$U_x = U \cdot \frac{C_{ges}}{C_x} \tag{6.10}$$

### 6.1.4 Reihenschaltung von Spulen

Im Gleichstromkreis ist von einer Spule nur ihr Wicklungswiderstand wirksam. Eine *ideale* Spule stellt im Gleichstromkreis einen *Kurzschluss* dar. Eine *reale* Spule ist im Gleichstromkreis durch ihren ohmschen *Wicklungswiderstand* zu berücksichtigen. Sind Spulen in Reihe geschaltet, so addieren sich im Gleichstromkreis ihre Wicklungswiderstände.

### 6.1.5 Reihenschaltung von Gleichspannungsquellen

Bei der Reihenschaltung von Gleichspannungsquellen *addieren* sich deren *Spannungen* und deren *Innenwiderstände*. Bei der Addition der Spannungen müssen deren *Polaritäten* berücksichtigt werden.[1]

---

[1]Eine *Parallel*schaltung von Spannungsquellen ist wegen der Gefahr der gegenseitigen Einspeisung grundsätzlich zu vermeiden.

## 6.2    Reihenschaltungen an Wechselspannung

### 6.2.1    Reihenschaltung ohmscher Widerstände

Der Gesamtwiderstand (Ersatzwiderstand) von $n$ in Reihe geschalteten Widerständen ist *wie im Gleichstromkreis* nach Gl. (6.4) zu berechnen. Ohmsche Widerstände speichern keine Energie, siehe Abschn. 4.1. Da es deshalb keine Phasenverschiebung zwischen Strom und Spannung im Wechselstromkreis gibt, erfolgt die Reaktion auf eine an einen ohmschen Widerstand angelegte Wechselspannung $u(t) = \hat{U} \cdot \sin(\omega t \pm \varphi_u)$ in Form des Wechselstromes $i(t) = \hat{I} \cdot \sin(\omega t \pm \varphi_i)$ mit $\varphi_i = \varphi_u$ sofort (ohne Zeitverzögerung). Ein idealer ohmscher Widerstand verändert weder Form noch Phasenlage des Wechselstromes, der aufgrund der angelegten Wechselspannung durch ihn fließt. Bezüglich der Amplitude $\hat{U}$ bzw. $\hat{I}$ von Spannung und Strom gilt das ohmsche Gesetz:

$$\underline{\underline{u(t) = R \cdot i(t)}} \tag{6.11}$$

Es gibt keinen komplexen Wert des ohmschen Widerstandes bzw. der komplexe Wert entspricht dem reellen Wert. Bei Wechselspannung an ohmschen Widerständen kann somit genauso wie bei Gleichspannung gerechnet werden, nur dass zu einem bestimmten Zeitpunkt die Augenblickswerte der Amplituden von Spannung und Strom zu berücksichtigen sind. Soll dies bei Leistungsbetrachtungen vermieden werden, ist das Gleichstromäquivalent *„Effektivwert"* zu verwenden.

### 6.2.2    Reihenschaltung von Kondensatoren

Die Ersatzkapazität von $n$ in Reihe geschalteten Kondensatoren ist wie im Gleichstromkreis nach Gl. (6.9) zu berechnen. Der *komplexe* Widerstand des Kondensators wurde bereits in Abschn. 4.2.1 angegeben.

### 6.2.3    Reihenschaltung von Spulen

Beeinflussen (durchdringen) sich die Magnetfelder von Spulen gegenseitig *nicht,* so werden die Spulen als *magnetisch nicht gekoppelt* bezeichnet. Die Gesamtinduktivität von $n$ magnetisch *nicht* gekoppelten Spulen ist:

$$\underline{\underline{L_{ges} = L_1 + L_2 + \ldots + L_n}} \tag{6.12}$$

Die Gesamtinduktivität von in Reihe geschalteten, magnetisch *gekoppelten* Spulen ist erheblich schwieriger anzugeben, da *Gegeninduktivitäten* zu berücksichtigen sind. Der *komplexe* Widerstand der Spule wurde bereits in Abschn. 4.3.1 angegeben.

## 6.3    Parallelschaltungen an Gleichspannung

### 6.3.1    Parallelschaltung ohmscher Widerstände

Wie bei der Reihenschaltung kann auch die Parallelschaltung mehrerer ohmscher Widerstände (Abb. 6.6a) durch eine Schaltung mit einem einzigen ohmschen Widerstand mit dem Wert $R_{ges}$ ersetzt werden (Abb. 6.6b). Diese Ersatzschaltung ist bezüglich des Stromes $I_{ges}$ und der Spannung $U$ identisch mit der Parallelschaltung. Die Anzahl der parallel geschalteten Bauelemente ist mindestens zwei und kann beliebig groß sein. Das *Kennzeichen* der Parallelschaltung ist, dass an *allen* parallel geschalteten *Bauelementen* die *gleiche Spannung* liegt.

Bei der Parallelschaltung erfolgt eine *Stromaufteilung*. Entsprechend der Knotenregel ist $I_{ges}$ gleich der Summe aller Teilströme $I_1$ bis $I_n$.

$$I_{ges} = I_1 + I_2 + \ldots + I_n \tag{6.13}$$

Durch den *kleinsten Teilwiderstand* fließt der *größte* Strom und durch den größten Teilwiderstand der kleinste Strom.

Der Gesamtwiderstand (Ersatzwiderstand) ist:

$$R_{ges} = \frac{1}{\frac{1}{R_1} + \frac{1}{R_2} + \ldots + \frac{1}{R_n}} \tag{6.14}$$

Im wichtigen Sonderfall von zwei parallel geschalteten Widerständen vereinfacht sich (6.14):

$$R_{ges} = \frac{R_1 \cdot R_2}{R_1 + R_2} \tag{6.15}$$

Die *Teilstromstärken* stehen *im umgekehrten Verhältnis* zueinander *wie die Widerstände*.

$$\frac{I_1}{I_2} = \frac{R_2}{R_1} \tag{6.16}$$

Bei stark unterschiedlichen Werten der parallel geschalteten Widerstände beeinflusst der größte Widerstand den Wert von $R_{ges}$ kaum.

**Abb. 6.6**  Parallelschaltung von ohmschen Widerständen (**a**) und Ersatzschaltung mit Ersatzwiderstand (**b**)

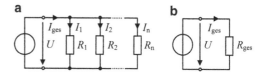

## 6.3.2  Anwendungen der Parallelschaltung ohmscher Widerstände

### 6.3.2.1 Ersatz eines Widerstandswertes

Ist im Labor ein Widerstand mit einem bestimmten Wert nicht vorrätig, so kann er durch eine Parallelschaltung aus zwei oder mehreren Widerständen ersetzt werden. Dabei ist die Toleranz der einzelnen Widerstände und die sich ergebende Toleranz der Parallelschaltung zu beachten.

### 6.3.2.2 Stromteilerregel

Bei zwei parallel geschalteten Widerständen teilt sich der Strom auf (Abb. 6.7). Der Strom durch jeden der Widerstände kann mit der Stromteilerregel berechnet werden.

$$\underline{\underline{I_1 = I_\text{ges} \cdot \frac{R_2}{R_1 + R_2}}} \qquad (6.17)$$

$$\underline{\underline{I_2 = I_\text{ges} \cdot \frac{R_1}{R_1 + R_2}}} \qquad (6.18)$$

### 6.3.2.3 Messbereichserweiterung Strommesser

Die Erweiterung des Messbereichs eines Amperemeters nutzt das Prinzip der Stromteilung. Soll mit einem Amperemeter ein größerer Strom gemessen werden als derjenige, welcher dem Vollausschlag des Messinstruments entspricht, so kann ein Parallelwiderstand *(Shuntwiderstand)* den Strom durch das Messinstrument auf den Wert des Vollausschlags $I_\text{M}$ herabsetzen. Der Innenwiderstand des Amperemeters *(Messwerkwiderstand $R_\text{mi}$)* und der Shuntwiderstand $R_\text{S}$ bilden einen Stromteiler. Zur Berechnung des Shuntwiderstandes $R_\text{S}$ für den auf das $x$-fache erweiterten Messbereich $I_\text{Mess} = x \cdot I_\text{M}$ muss der Messbereich (Vollausschlag) $I_\text{M}$ des Amperemeters und dessen Innenwiderstand $R_\text{mi}$ bekannt sein.

$$\underline{\underline{R_\text{S} = \frac{R_\text{mi}}{x - 1}}} \qquad (6.19)$$

### 6.3.3  Parallelschaltung von Kondensatoren

Die Gesamtkapazität von $n$ parallel geschalteten Kondensatoren berechnet sich als Summe aller Teilkapazitäten.

$$\underline{\underline{C_\text{ges} = C_1 + C_2 + \ldots + C_\text{n}}} \qquad (6.20)$$

**Abb. 6.7**  Zur Stromteilerregel

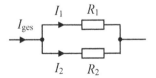

### 6.3.4   Parallelschaltung von Spulen

Für die Gesamtinduktivität von $n$ magnetisch *nicht* gekoppelten Spulen gilt:

$$L_{\text{ges}} = \frac{1}{\frac{1}{L_1} + \frac{1}{L_2} + \ldots + \frac{1}{L_n}} \qquad (6.21)$$

Zwei parallel geschaltete Spulen (magnetisch *nicht* gekoppelt):

$$L_{\text{ges}} = \frac{L_1 \cdot L_2}{L_1 + L_2} \qquad (6.22)$$

## 6.4   Parallelschaltungen an Wechselspannung

Die Ersatzwerte der Parallelschaltungen von Widerständen, Kondensatoren und Spulen an Wechselspannung sind nach den gleichen Formeln zu berechnen wie bei Gleichspannung.

Widerstände: Gl. (6.14), Kondensatoren: Gl. (6.20), Spulen: Gl. (6.21).

# Gemischte Schaltungen

**7**

## 7.1 Gruppenschaltungen

Gemischte Schaltungen werden auch als *Gruppenschaltungen* bezeichnet. Sie stellen Kombinationen aus Reihen- und Parallelschaltungen dar und können durch schrittweise Vereinfachungen auf diese Grundformen zurückgeführt werden. Um den Ersatzwiderstand einer gemischten Schaltung zu bestimmen, werden in einer gemischten Schaltung enthaltene Reihen- oder Parallelschaltungen gesucht. Diese werden nach den Regeln zur Bildung von Ersatzwiderständen (siehe Kap. 6) zu Einzelwiderständen zusammengefasst. Auf diese Art entstehen sukzessiv wieder neue Reihen- und Parallelschaltungen, welche auf die gleiche Weise behandelt werden, bis der Ersatzwiderstand gefunden ist. Mit dieser Vorgehensweise können auch in einer gemischten Schaltung verteilte Spannungen und Ströme berechnet werden.

## 7.2 Stern-Dreieck- und Dreieck-Stern-Umwandlung

Bei gewissen Schaltungen ist eine Zusammenfassung der Bauelemente durch Berücksichtigung ihrer Reihen- und Parallelschaltungen nicht möglich (Abb. 7.1a). Wenn Teile dieser Schaltungen (Unterstrukturen) die Form eines Dreiecks (Abb. 7.1b) oder eines Sterns (Abb. 7.1c) aufweisen, so können diese Teilschaltungen in eine Anordnung von Bauelementen umgewandelt werden, bei denen wieder Reihen- und Parallelschaltungen zusammengefasst werden können.

Damit man die Unterstrukturen erkennt ist etwas Übung nötig.

Im Folgenden werden nur die Formeln für die Transformation der Schaltungen angegeben.

© Springer Fachmedien Wiesbaden GmbH, ein Teil von Springer Nature 2021
L. Stiny, *Schnelleinführung Elektrotechnik*, https://doi.org/10.1007/978-3-658-28967-6_7

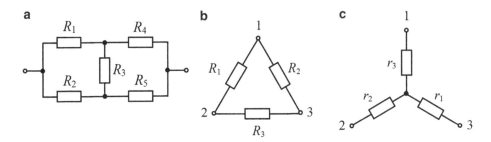

**Abb. 7.1** Eine direkte Zusammenfassung der Widerstände ist nicht möglich (**a**), Dreieckschaltung (**b**) und Sternschaltung (**c**)

Die Formeln zur *Dreieck-Stern-Transformation:*

$$r_1 = \frac{R_2 \cdot R_3}{R_1 + R_2 + R_3} \tag{7.1}$$

$$r_2 = \frac{R_1 \cdot R_3}{R_1 + R_2 + R_3} \tag{7.2}$$

$$r_3 = \frac{R_1 \cdot R_2}{R_1 + R_2 + R_3} \tag{7.3}$$

Die Formeln zur *Stern-Dreieck-Transformation:*

$$R_1 = r_2 + r_3 + \frac{r_2 \cdot r_3}{r_1} \tag{7.4}$$

$$R_2 = r_1 + r_3 + \frac{r_1 \cdot r_3}{r_2} \tag{7.5}$$

$$R_3 = r_1 + r_2 + \frac{r_1 \cdot r_2}{r_3} \tag{7.6}$$

# Messung von Gleichgrößen

**8**

## 8.1    Messung mit Spannungs- und Strommesser

In einem Gleichstromsystem können Ströme und Spannungen gemessen werden. Ist ein Messvorgang ideal, so wird das zu untersuchende System nicht beeinflusst. Bei einer realen Messung soll der durch Störeinflüsse (z. B. *Messwerkwiderstand*) bedingte Messfehler möglichst klein sein und innerhalb der erlaubten Messtoleranz liegen. Als Typen von Messgeräten können *analoge* und *digitale* Messgeräte unterschieden werden. Analoge Messgeräte besitzen meist einen *Zeiger,* der beim Messvorgang durch seinen Ausschlag auf einer Skala einen Messwert angibt. Analoge Messgeräte können mit einem Drehspul- oder einem Dreheisenmesswerk ausgestattet sein. Bei einem *Drehspulmesswerk* ist eine kleine, vom Messstrom durchflossene Spule im Magnetfeld eines Permanentmagneten drehbar gelagert. Bei einem *Dreheisenmesswerk* befindet sich innerhalb einer feststehenden, vom Messstrom durchflossenen Spule ein drehbar gelagertes Eisen.

Ein Drehspulinstrument eignet sich *nur* zur Messung von *Gleich*spannung bzw. -strom. Seine Skala ist linear eingeteilt. Zur Messung von Wechselgrößen wird ein Gleichrichter benötigt. Bei Mischspannungen wird der arithmetische Mittelwert (Gleichanteil) angezeigt.

Mit einem Dreheiseninstrument können Gleich- *und* Wechselgrößen gemessen werden. Seine Skala ist allerdings *nicht* linear eingeteilt.

Digitale Messgeräte besitzen am Eingang einen Analog-Digital-Wandler, der Messwert wird meist in Form von Ziffern angezeigt.

Unabhängig von der Art des Messgerätes, ob analog oder digital, jedes dieser Geräte hat einen endlich großen *Innenwiderstand* $R_{mi}$ des Messwerks.

Abb. 8.1a zeigt das Schaltzeichen von einem Spannungsmesser („Voltmeter") und Abb. 8.1b von einem Strommesser („Amperemeter"). Beide Symbole stellen zugleich

© Springer Fachmedien Wiesbaden GmbH, ein Teil von Springer Nature 2021
L. Stiny, *Schnelleinführung Elektrotechnik,* https://doi.org/10.1007/978-3-658-28967-6_8

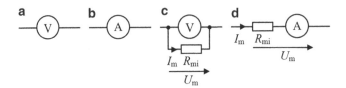

**Abb. 8.1** Schaltzeichen für ein Voltmeter (**a**) und ein Amperemeter (**b**) als ideale Messgeräte, als reales Voltmeter (**c**) und reales Amperemeter (**d**) jeweils mit endlichem Innenwiderstand

ideale Messwerke mit dem Innenwiderstand $R_{mi} = 0\,\Omega$ bzw. dar. Abb. 8.1c zeigt ein reales Voltmeter und Abb. 8.1d ein reales Amperemeter.

Eine Spannungsmessung erfolgt direkt an den zwei Anschlüssen eines Zweipols. Der Innenwiderstand $R_{mi}$ eines Voltmeters soll *möglichst groß* sein, damit die zu messende Spannung nicht belastet wird und zusammenbricht, ähnlich wie bei einer realen Spannungsquelle mit dem Innenwiderstand $R_i$ (vergl. hierzu Abschn. 4.4.1.2). Ideal beim Voltmeter:

$$\underline{R_{mi} \to \infty} \tag{8.1}$$

Bei einer Strommessung wird das Amperemeter in den Stromkreis eingeschleift. Der Innenwiderstand $R_{mi}$ eines Amperemeters soll daher *möglichst klein* sein, damit der zu messende Strom nicht verringert wird. Ideal beim Amperemeter:

$$\underline{R_{mi} \to 0} \tag{8.2}$$

Zur Messbereichserweiterung eines Spannungsmessers siehe Abschn. 6.1.2.4.

Zur Messbereichserweiterung eines Strommessers siehe Abschn. 6.3.2.3.

## 8.2   Indirekte Messung von Widerstand und Leistung

Der Wert eines ohmschen Widerstandes kann durch Messung von Strom durch und Spannung am Widerstand mit einer kleinen Rechnung indirekt bestimmt werden.

Der Widerstand ergibt sich nach dem ohmschen Gesetz zu $\underline{\underline{R = U/I}}$.

Die im Verbraucher anfallende Leistung ist $\underline{\underline{P = U \cdot I}}$.

Werden Strom und Spannung durch das Verwenden von zwei Messgeräten *gleichzeitig* gemessen, so muss evtl. die *Spannungsfehlerschaltung* (stromrichtige Messung) bzw. die *Stromfehlerschaltung* (spannungsrichtige Messung) berücksichtigt werden. Bei der Spannungsfehlerschaltung liegt das Voltmeter parallel zur Spannungsquelle, der Spannungsabfall am Amperemeter wird *nicht* berücksichtigt. Sie eignet sich für *große* Widerstandswerte. Bei der Stromfehlerschaltung liegt das Voltmeter parallel zum Widerstand, der Strom durch das Voltmeter wird *nicht* berücksichtigt. Sie eignet sich für *kleine* Widerstandswerte.

## 8.3    Wheatstone-Brücke

Abb. 8.2 zeigt die Wheatstone-Brücke. Sie kann zur sehr genauen Messung von ohmschen Widerstandswerten eingesetzt werden.

Die Widerstände $R_1$, $R_2$ des linken Brückenlängszweiges liegen parallel zu $R_3$, $R_4$
des rechten Brückenlängszweiges. Beide Brückenzweige bilden parallel geschaltete
Spannungsteiler. Die Brücke ist abgeglichen, wenn das Produkt diagonal gegenüber-
liegender Widerstände gleich ist:

$$\underline{\underline{R_1 \cdot R_4 = R_2 \cdot R_3}} \tag{8.3}$$

Bei abgeglichener Brücke gilt für die Spannung $U_D$ im Brückenquerzweig $U_D = 0$ und
somit ist auch $I_D = 0$. Das sehr empfindliche Messgerät im Brückenquerzweig heißt
*Nullindikator* und hat als Drehspulmesswerk den Nullpunkt in der Skalenmitte. Werden $R_1$, $R_2$ und $R_3$ aus bekannten, veränderlichen Widerständen gebildet und $R_4$ ist
unbekannt, so kann der Wert von $R_4$ bei abgeglichener Brücke berechnet oder an den ein-
stellbaren Widerständen direkt abgelesen werden.

Vorteil der Wheatstone-Brücke: Es müssen keine Absolutwerte von Spannungen oder
Strömen gemessen werden. Auch die Speisespannung $U_0$ der Brücke geht nicht in die
Messung des Widerstandswertes ein.

**Abb. 8.2**  Wheatstone-Brücke

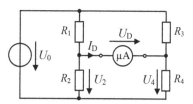

# Wechselgrößen

## 9.1 Allgemeines zu Wechselgrößen

Bei einer *Gleichgröße* (Gleichspannung, Gleichstrom) bleibt die Größe während eines Betrachtungszeitraumes konstant (Abb. 9.1). Die Beschreibung erfolgt durch große Buchstaben. Eine Gleichspannung wird auch durch $U_-$, $U_=$ oder $U_{DC}$ (DC = **D**irect **C**urrent) gekennzeichnet.

Beispiel: $u_1(t) = U_1$: positive Gleichspannung, $u_2(t) = -U_2$: negative Gleichspannung.

Bei Gleichgrößen ist der arithmetische Mittelwert gleich dem Gleichwert.

Ströme und Spannungen sind *Wechselgrößen*, wenn sie ein *zeitlich periodisches* Verhalten bei gleichzeitig *verschwindendem Gleichanteil* (arithmetischen Mittelwert, „Durchschnitt") aufweisen. Bei einer Wechselgröße liegt z. B. *kein Gleichspannungs-Offset* (Versatz, Verschiebung um eine Gleichspannung), aber eine Symmetrie der Kurvenform zur Abszisse (Zeitachse) vor. Für eine (*nicht* sinusförmige) Spannung $U(t)$ mit der *Periodendauer T* und beliebiger Kurvenform gilt dann für die **Periodizität:**

$$\underline{U(t) = U(t + k \cdot T) \text{ mit } k = 0, 1, 2 \ldots} \tag{9.1}$$

und für den arithmetischen Mittelwert (= **Gleichanteil**):

$$\underline{\underline{\overline{U} = \frac{1}{T} \cdot \int_0^T U(t)\, dt = 0}} \tag{9.2}$$

Bei einer Wechselgröße ist die *Fläche der Funktion oberhalb und unterhalb der Zeitachse gleich groß*. Die *Summe der Flächen ist null,* da die Funktion symmetrisch zur Zeitachse ist. Dies ist (neben der Periodizität) das *Kennzeichen* einer *Wechselgröße:* Der arithmetische Mittelwert ist null.

© Springer Fachmedien Wiesbaden GmbH, ein Teil von Springer Nature 2021
L. Stiny, *Schnelleinführung Elektrotechnik*, https://doi.org/10.1007/978-3-658-28967-6_9

**Abb. 9.1** Die Höhe einer
Gleichspannung ist unabhängig
von der Zeit

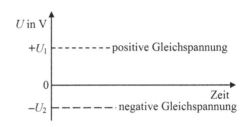

**Abb. 9.2** Eine
Mischspannung aus einer
Sinusspannung und einer
Gleichspannung $U_0$

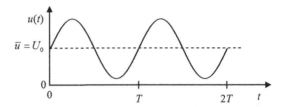

Bei *sinus*förmigen Wechselgrößen erfolgt die Beschreibung mit Kleinbuchstaben, statt $U(t)$ bzw. $\overline{U}$ schreibt man $u(t)$ bzw. $\bar{u}$. Beispiele für Sinusgrößen sind: $u(t) = \hat{U} \cdot \sin(\omega t + \varphi_u)$ oder $i(t) = \hat{I} \cdot \cos(\omega t + \varphi_i)$. Eine sinusförmige Wechselspannung wird auch durch $U_\sim$ oder $U_{AC}$ (AC = **A**lternating **C**urrent) gekennzeichnet. Die charakteristischen Parameter einer Sinusgröße werden später noch detailliert besprochen (siehe Abschn. 9.4).

## 9.2 Mischgrößen

Eine *Mischgröße* zeigt zwar ein periodisches Verhalten, aber der Gleichanteil ist verschieden von null. Es gilt dann (9.1) für die Periodizität, aber es ist im Gegensatz zu (9.2):

$$\overline{U} = \frac{1}{T} \cdot \int_0^T U(t)\,dt \neq 0 = U_0 \text{ (Gleichanteil } U_0 \text{ ist } \neq 0)} \tag{9.3}$$

Ein Beispiel für eine Mischgröße $u(t) = U_0 + \hat{U} \cdot \sin(\omega t)$ zeigt Abb. 9.2.

Bei Mischgrößen ist der arithmetische Mittelwert gleich dem positiven oder negativen Gleichanteil. Eine Mischgröße ist immer in eine Summe aus einer Wechselgröße und einem Gleichanteil zerlegbar. Für eine Mischspannung (genauso für einen Mischstrom) gilt:

$$U_{\text{Misch}} = U_{AC} + U_{DC} \text{ mit } U_{DC} = \overline{U} \neq 0 \tag{9.4}$$

Statt $\overline{U}$ wird auch das Formelzeichen $U_{av}$ (av = average value) verwendet.

Für **Mischgrößen** gibt es vier **Kenngrößen:**

1. *Gleichwert* (arithmetischer Mittelwert, Gleichanteil),
2. *Effektivwert,*
3. *Wechselanteil,*
4. *Welligkeit.*

1. Der Gleichanteil (Gleichwert) wird bei einer Mischgröße nach (9.3) berechnet.
2. Der Effektivwert ist sowohl für reine Wechselgrößen als auch für Mischgrößen von Bedeutung. *Effektivwerte* werden für *Leistungsbetrachtungen* benutzt. Für Spannungen $U(t)$ gilt:

$$U_{\text{eff}} = U = \sqrt{\frac{1}{T} \int_0^T [U(t)]^2 dt} \qquad (9.5)$$

(9.5) gilt für beliebige periodische Kurvenformen und auch für Ströme $I(t)$. Effektivwerte sind quadratische Mittelwerte, sie werden mit großen Buchstaben bezeichnet, der Index „eff" kann entfallen, er wird meist nicht angegeben.
**Der Effektivwert eines Wechselstromes mit beliebiger Kurvenform entspricht dem Wert eines Gleichstromes, der in einem ohmschen Widerstand innerhalb der Periodendauer $T$ dieselbe Wärmeenergie erzeugt wie der Wechselstrom.**
*Wechselgrößen* mit *beliebiger Kurvenform* werden durch ihren „wirksamen Wert" durch eine *einzige Zahl vergleichbar.*
Der Effektivwert kann auch aus den Effektivwerten der einzelnen *Harmonischen (Oberschwingungen)* bestimmt werden.

$$U_{\text{eff}} = \sqrt{U_0^2 + U_{1\text{eff}}^2 + U_{2\text{eff}}^2 + \ldots} \qquad (9.6)$$

$U_0$ = Gleichspannungskomponente,
$U_{1\text{eff}}^2$, $U_{2\text{eff}}^2$, ... = Effektivwerte der einzelnen Harmonischen.
3. Als *Wechselanteil* (Welligkeitsanteil) wird die Wurzel aus der Differenz der Quadrate der Effektivwerte und der Gleichanteile bezeichnet. Für Spannungen (genauso für Ströme) gilt:

$$U_{\text{w}} = \sqrt{(U_{\text{eff}})^2 - (U_{\text{av}})^2} \qquad (9.7)$$

4. *Welligkeit* nennt man den Quotienten aus Wechselanteil und Gleichanteil. Für Spannungen (genauso für Ströme) gilt:

$$w = \frac{U_{\text{w}}}{U_{\text{av}}} = \frac{U_{\text{w}}}{\overline{U}} \tag{9.8}$$

Von den Mischgrößen kurz zurück zu den *Wechselgrößen* mit weiteren *Kennwerten*.

Der zeitliche Mittelwert des Betrages einer Wechselgröße wird als **Gleichrichtwert** bezeichnet.

$$\overline{|u(t)|} = \frac{1}{T} \int\limits_{0}^{T} |u(t)| \, dt \tag{9.9}$$

Der **Formfaktor** ist das Verhältnis von Effektivwert zu Gleichrichtwert. Er spielt in der Messtechnik für die Skalenteilung von Messwerken eine wichtige Rolle.

$$F_{\text{u}} = \frac{U}{\overline{|u(t)|}} \tag{9.10}$$

Wie stark die Kurvenform einer Wechselgröße von der Sinusform abweicht, wird durch den **Klirrfaktor** *k (Verzerrungsfaktor)* angegeben. Der Gesamtklirrfaktor *k* ist definiert als:

$$k = \frac{\sqrt{U_{2\text{eff}}^2 + U_{3\text{eff}}^2 + \ldots}}{\sqrt{U_{1\text{eff}}^2 + U_{2\text{eff}}^2 + \ldots}} \tag{9.11}$$

$U_{1\text{eff}}^2$, $U_{2\text{eff}}^2$, $\ldots =$ Effektivwerte der einzelnen Harmonischen.

Es ist immer $k < 1$. $k$ ist eine einheitenlose Größe und wird meist in Prozent angegeben.

$k$ kann auch als *Klirrdämpfung* in dB angegeben werden.

$$a_{\text{k}} = 20 \, \text{dB} \cdot \lg(k) \quad 0 \leq k < 1 \tag{9.12}$$

Eine ähnliche Kenngröße wie der Klirrfaktor $k$ ist *THD* (**Total Harmonic Distortion**).

$$THD = \frac{\sqrt{U_{2\text{eff}}^2 + U_{3\text{eff}}^2 + \ldots}}{U_{1\text{eff}}} \tag{9.13}$$

Der **Scheitelfaktor** *(Crestfaktor)* dient wie der Formfaktor zur groben Beschreibung der Kurvenform einer Wechselgröße (Anwendung in der Messtechnik).

$$k_{\text{S}} = \frac{\text{Scheitelwert}}{\text{Effektivwert}} = \frac{\hat{U}}{U} = \frac{\hat{I}}{I} \tag{9.14}$$

## 9.3 Rechtecksignale

Besonders in der Digitaltechnik (Computer) werden rechteckförmige Spannungen bzw. Ströme verwendet. Strom- oder Spannungs*pulse* treten wiederholt, *Impulse* einmalig auf (allgemein spricht man meist von *impulsförmigen* Signalen). Bei einer periodischen Rechteckspannung wird das Verhältnis von Einschaltzeit $t_{ein}$ zur gesamten Periodendauer $T = t_{ein} + t_{aus}$ als *Tastgrad g* bezeichnet Gl. (9.15). In Abb. 9.3 ist ein solches Signal dargestellt. Der Tastgrad g gibt das Verhältnis der Einschatzeit zur Periodendauer an, ist also eine Verhältniszahl zwischen 0 und 1 (0 % bis 100 %). Das *Tastverhältnis V* kann in der Literatur auf drei verschiedene Arten definiert sein Gl. 9.16).

$$g = \frac{t_{ein}}{T} = \frac{t_{ein}}{t_{ein} + t_{aus}} \tag{9.15}$$

$$V = g \text{ oder } V = \frac{1}{g} \text{ oder } V = \frac{t_{ein}}{t_{aus}} \tag{9.16}$$

## 9.4 Sinusförmige Wechselgrößen

Sinusförmige Wechselspannungen und -ströme sind in der Elektrotechnik besonders wichtig. Wird ein *lineares* Netzwerk mit einer sinusförmigen Größe erregt, so verlaufen alle anderen Größen im Netzwerk auch sinusförmig und mit der gleichen Frequenz wie die der Eingangsgröße. Eine Phasenverschiebung und unterschiedliche Höhe zwischen Eingangs- und Ausgangsgröße kann vorliegen. Sinus- und Kosinusfunktion werden hier mit ihren Parametern als bekannt vorausgesetzt und nur kurz wiederholt.

### 9.4.1 Sinuskurve und ihre Größen

Ein Beispiel für eine sinusförmige Wechselspannung ist:

$$u(t) = \hat{U} \cdot \sin\left(\omega t + \varphi_u\right) \tag{9.17}$$

**Abb. 9.3** Zur Definition von Tastgrad und Tastverhältnis bei einer Rechteckspannung

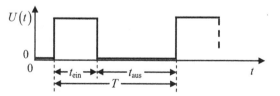

Das *Liniendiagramm* (Zeitdiagramm) dieser Sinusschwingung für drei verschiedene Nullphasenwinkel $\varphi_u = 0$, $\varphi_u = \pi / 2$ und $\varphi_u = \pi / 4$ zeigt Abb. 9.4. Darin sind:

$\hat{U}$ $\quad\quad$ = $\quad$ Amplitude (Scheitelwert), $[\hat{U}] = V$,

$\omega = 2\pi f$ $\quad$ = $\quad$ Kreisfrequenz, $[\omega] = s^{-1}$,

$f = 1/T$ $\quad$ = $\quad$ Frequenz, $[f] = s^{-1}$ (Hertz) = Anzahl volle Schwingungen pro Sekunde,

$T$ $\quad\quad$ = $\quad$ Periodendauer, $[T] = s$,

$\varphi_u$ $\quad\quad$ = $\quad$ Nullphasenwinkel, Größe für die zeitliche Verschiebung der Sinuskurve
$\quad\quad\quad\quad\quad$ aus dem Koordinatenursprung, $[\varphi_u] = rad$ (Radiant) oder Grad

Auch verwendet werden:

$\quad U_{SS} = 2 \cdot \hat{U} =$ Spitze-Spitze-Wert, $[U_{SS}] = V$,

$\quad \lambda = \frac{c}{f} = \frac{3 \cdot 10^8 \frac{m}{s}}{f}$, $[\lambda] = m$.

Rotiert eine Leiterschleife in einem homogenen Magnetfeld, so entsteht zwischen ihren Enden eine sinusförmige Spannung. Aus der Physik ist bekannt, dass die Sinuskurve aus der Projektion eines rotierenden Zeigers auf die Ordinate hervorgeht. Die Projektion auf die Abszisse ergibt die Kosinuskurve. Diesen Sachverhalt zeigt Abb. 9.5.

**Abb. 9.4** Eine sinusförmige Wechselspannung mit drei unterschiedlichen Nullphasenwinkeln

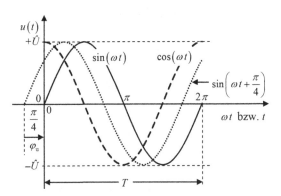

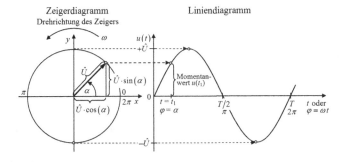

**Abb. 9.5** Eine Sinuskurve entsteht durch einen umlaufenden Zeiger

Die bisher erwähnten Parameter der Sinuskurve sind meist aus dem Schulunterricht bekannt. Der Nullphasenwinkel ist allerdings meistens entsprechend seiner Bedeutung und seiner Definition nach weniger geläufig und wird deshalb hier besprochen.

### 9.4.2 Nullphasenwinkel

Der Nullphasenwinkel heißt auch *Anfangsphasenwinkel*. Verläuft eine sinusförmige Spannung *nicht* durch den Koordinatenursprung mit $t = 0$, so wird sie beschrieben durch:

$$\underline{u(t) = \hat{U} \cdot \sin(\omega t \pm \varphi_u)} \tag{9.18}$$

Analog gilt für einen sinusförmigen Strom:

$$i(t) = \hat{I} \cdot \sin(\omega t \pm \varphi_i) \tag{9.19}$$

Für die *Verschiebung* der Sinuskurve gilt:

$\varphi_u > 0$ (positiv): Die Sinuskurve ist vom Ursprung aus nach **links** verschoben. Die Kurve eilt einer Kurve durch den Ursprung *voraus*.

$\varphi_u < 0$ (negativ): Die Sinuskurve ist vom Ursprung aus nach **rechts** verschoben. Die Kurve eilt einer Kurve durch den Ursprung *nach*.

Der Nullphasenwinkel gibt die Phasenverschiebung gegenüber dem Nullpunkt mit $t = 0$ an. Da der Nullpunkt willkürlich gewählt werden kann, ist der Nullphasenwinkel einer Sinusgröße für sich alleine kaum von Interesse. Erst bei der Betrachtung der *gegenseitigen* Verschiebung von *zwei* Sinuskurven wird er wichtig.

**Nullphasenwinkel im Liniendiagramm**
Als *positiver Nulldurchgang* wird der Schnittpunkt einer Sinuskurve mit der Abszisse bezeichnet, ab dem der Funktionswert positiv wird.

Der Nullphasenwinkel ist eine gerichtete Größe und muss mit einem Pfeil mit Anfang und Ende angegeben werden (*nicht* als Strecke oder als Doppelpfeil).

In einem Liniendiagramm wird der **Nullphasenwinkel von demjenigen positiven Nulldurchgang, der dem Ursprung am nächsten liegt, bis zum Ursprung** eingezeichnet (Abb. 9.6). Dabei gilt für das Vorzeichen von $\varphi_{u,i}$:

**Abb. 9.6** Positiver Nullphasenwinkel einer Spannung und negativer Nullphasenwinkel eines Stromes

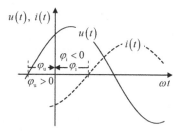

**Pfeilrichtung von links nach rechts:** $\varphi_u$ **oder** $\varphi_i > 0$ **(positiv),**
**Pfeilrichtung von rechts nach links:** $\varphi_u$ **oder** $\varphi_i < 0$ **(negativ).**

### 9.4.3 Phasenwinkel

Die *gegenseitige* Verschiebung von zwei (oder mehr) Sinuskurven wird als *Phasenverschiebung* bezeichnet. Dabei wird immer der Strom als Bezugsgröße und somit die **Stromkurve** als **Bezugskurve** durch den Ursprung des Koordinatensystems gewählt. Der Strom ist jetzt $i(t) = \hat{I} \cdot \sin(\omega t)$ mit dem Nullphasenwinkel $\varphi_i = 0$. Die Differenz der Nullphasenwinkel von *zwei* Schwingungen wird als **Phasenwinkel** oder (besser) als **Phasenverschiebungswinkel** bezeichnet. Der Phasenwinkel (der Winkel der gegenseitigen Verschiebung von *zwei* Sinusgrößen) kann somit aus den Nullphasenwinkeln berechnet werden.

$$\underline{\varphi = \varphi_{ui} = \varphi_u - \varphi_i} \tag{9.20}$$

$\varphi = \varphi_{ui}$ **ist der Winkel, um den die** *Spannung* **dem** *Strom* **vorauseilt.**
$\varphi_{iu}$ ist dagegen der Winkel, um den der *Strom* der *Spannung* vorauseilt.
Achtung: Als $\varphi$ ist nur $\varphi_{ui}$ definiert, nicht $\varphi_{iu}$! Es gilt:

$$\underline{\varphi_{iu} = \varphi_i - \varphi_u = -\varphi} \tag{9.21}$$

**Phasenwinkel im Liniendiagramm**
So wie der Nullphasenwinkel kann auch der Phasenwinkel in ein Liniendiagramm eingezeichnet werden.
**Der Pfeil für den Phasenwinkel zeigt vom Nulldurchgang der Spannungskurve zum Nulldurchgang der Stromkurve.** Für das Vorzeichen von $\varphi$ gilt dabei (wie bei $\varphi_u$ und $\varphi_i$):
**Pfeilrichtung von links nach rechts:** $\varphi > 0$ **(positiv),**
**Pfeilrichtung von rechts nach links:** $\varphi < 0$ **(negativ).**
Mit $\varphi_i = 0$ (Strom als Referenz) und $\varphi_u$ als variable Größe erhalten wir drei Fälle.

1. $\varphi > 0$: Der Strom eilt der Spannung um $\varphi = \varphi_u$ nach.
2. $\varphi < 0$: Der Strom eilt der Spannung um $\varphi = \varphi_u$ voraus.
3. $\varphi = 0$: Strom und Spannung sind phasengleich mit $\varphi_u = \varphi_i = 0$.

**Phasenwinkel im Zeigerdiagramm**
In einem Zeigerdiagramm wird der Phasenwinkel $\varphi = \varphi_{ui}$ immer als (gebogener) Pfeil **vom Strom- zum Spannungszeiger hin** eingetragen. Für das Vorzeichen von $\varphi$ gilt dabei:

**Drehrichtung entgegen UZS**[1]: $\varphi > 0$ **(positiv),**
**Drehrichtung im UZS:** $\varphi < 0$ **(negativ).**

Mit $\varphi_i = 0$ (Strom als Referenz) und $\varphi_u$ als variable Größe erhalten wir wieder die drei soeben besprochenen Fälle.

### 9.4.4 Sinusgrößen in Zeigerdarstellung

Zeigerdiagramme sind einfacher zu zeichnen und übersichtlicher als Liniendiagramme. Auch die Verknüpfung einzelner Größen in Form von Zeigern kann gegenüber der Verwendung von Liniendiagrammen schneller erfolgen. Besonders die Addition und Subtraktion phasenverschobener Sinusgrößen kann mit einer zeichnerischen Näherungslösung einfach und schnell erfolgen. Eine analytische Lösung ist zwar exakt, aber mit einem hohen Rechenaufwand verbunden. Da für Zeiger die geometrischen Additionsgesetze von Vektoren gelten, ist eine Addition durch die Konstruktion eines Parallelogramms leicht durchführbar. Zeiger können parallel verschoben werden. Ein Zeigerdiagramm kann um einen beliebigen Winkel gedreht werden. Auch die Phasenverschiebung zwischen zwei Sinusgrößen ist einem Zeigerdiagramm als Phasenwinkel $\varphi = \varphi_{ui} = \varphi_u - \varphi_i$ leicht entnehmbar (siehe Abschn. 9.4.3). Somit ist in einem Zeigerdiagramm auch sofort ersichtlich, welche Größe (Spannung oder Strom) einer anderen Größe voraus- oder nacheilt.

Winkel entgegen UZS, $\varphi > 0$: **Strom eilt** der Spannung **nach.**

Winkel im UZS, $\varphi < 0$: **Strom eilt** der Spannung **voraus.**

Der Zusammenhang zwischen Größen mit sinusförmigem Verlauf und einem rotierenden Zeiger wurde bereits in Abb. 9.5 dargestellt. Ein Zeiger wird als Pfeil gezeichnet. Die *Länge* des Zeigers entspricht der *Amplitude* (es ist ein *Scheitelwertzeiger*), seine *Umdrehungszahl* (es ist ein *Drehzeiger*) entspricht der *Frequenz* einer sinusförmigen Wechselgröße. In einem Zeigerdiagramm müssen *alle Sinusgrößen* die *gleiche Frequenz* haben, damit alle Zeiger mit derselben Winkelgeschwindigkeit rotieren. Eine vollständige *Zeigerumdrehung* entspricht einer *Periode* der Schwingung. Der *Nullphasenwinkel* ist der positive oder negative Winkel des Zeigers gegen die Abszisse des Liniendiagramms zum Zeitpunkt $t = 0$, welche die *Phasenbezugsachse* darstellt. Den Nullphasenwinkel kann man sich als Anfangsstellung einer in einem Magnetfeld rotierenden Leiterschleife zu Beginn des Drehvorgangs vorstellen. Ist die Frequenz bekannt, so wird eine Sinusgröße durch die Länge des Zeigers und den Nullphasenwinkel eindeutig beschrieben. Die Augenblickswerte von Wechselgrößen werden meist nicht benötigt. Somit braucht man meist auch keinen Drehzeiger, der einen zeitbezogenen

---

[1]UZS = Uhrzeigersinn. Eine Drehung *entgegen* dem UZS ist im mathematisch *positiven* Sinn und ergibt einen positiven Winkel. Eine Drehung *im* UZS ist im mathematisch *negativen* Sinn und ergibt einen negativen Winkel.

Momentanwert der Sinuskurve angibt. Es genügt ein *ruhender Zeiger* (**Festzeiger**), der um den Faktor $1 \big/ \sqrt{2}$ kürzer ist als der sich drehende Scheitelwertzeiger. Der Festzeiger ist ein *Effektivwertzeiger*, mit dem Leistungen bestimmt werden können. Ein ruhendes Zeigerdiagramm enthält alle für Sinusgrößen relevante Informationen: Die Höhe der Sinusgröße (Zeigerlänge) und den Nullphasenwinkel.

Von Vorteil ist es, einen Nullphasenwinkel mit dem Wert null ($\varphi_u = 0$ oder $\varphi_i = 0$) als *horizontalen* **Bezugzeiger** und damit die Horizontale als **Bezugsphasenachse** zu wählen. Alle weiteren Zeiger werden im Zeigerdiagramm im richtigen Winkel zum Bezugszeiger eingetragen.

Im Zusammenhang mit Winkeln in Zeigerdiagrammen ist zu beachten, dass ein Winkel im Bereich $270° < \varphi < 360°$ als *negativer* Winkel angegeben wird.

# Lineare Netzwerke und komplexe Zahlen 10

Sinusförmige Wechselgrößen können mit Zeigern auf einfache Weise dargestellt werden. Oft ist aber dieses grafische Verfahren zu ungenau und bei einer großen Anzahl von Zeigern zeichnerisch zu aufwendig. Mit der *komplexen Rechnung* können Zeigerdiagramme mathematisch exakt beschrieben und umfangreiche elektrische und elektronische Netzwerke berechnet werden. Durch die Bauteilgleichungen Gl. (4.5) für den Kondensator und Gl. (4.15) für die Spule entstehen bei der Netzwerkanalyse im *Zeitbereich* Differenzialgleichungen, die zu lösen sind. Bei Verwendung der komplexen Rechnung ist das *Lösen von Differenzialgleichungen nicht nötig.* Die das Netzwerk erregenden Eingangsgrößen werden (recht einfach) in den komplexen Bereich transformiert. Unter Verwendung *komplexer Widerstände der Bauteile* und einer *Analysemethode* für *lineare* Netzwerke (Kirchhoff'sche Gesetze, Maschenanalyse, Knotenanalyse, Überlagerungssatz, Satz von der Ersatzspannungsquelle) wird ein *lineares* Gleichungssystem aufgestellt, welches statt eines Systems von Differenzialgleichungen zu lösen ist. Ergebnisse können, falls notwendig, zurück in den Zeitbereich transformiert werden. *Phasenbeziehungen werden* durch das Rechnen im komplexen Bereich (auch bezeichnet als *Bildbereich*) *automatisch berücksichtigt.*

## 10.1 Komplexe Rechnung

Die Grundlagen des Rechnens mit komplexen Zahlen werden als bekannt vorausgesetzt und sind bei Bedarf mithilfe entsprechender Literatur (z. B. [28, 34]) relativ leicht zu erlernen. Hier erfolgt nur eine kurze Wiederholung. Es sei betont, dass das Rechnen mit komplexen Zahlen nach den Erfahrungen des Autors in Vorlesungen und Prüfungskorrekturen zwar nicht schwierig ist, aber einiger Übung bedarf.

© Springer Fachmedien Wiesbaden GmbH, ein Teil von Springer Nature 2021
L. Stiny, *Schnelleinführung Elektrotechnik*, https://doi.org/10.1007/978-3-658-28967-6_10

### 10.1.1 Komplexe Zahlen

In der Gauß'schen Zahlenebene sind reelle Zahlen auf der Abszisse und imaginäre Zahlen auf der Ordinate aufgetragen. Die **imaginäre Einheit** ist:

$$\underline{j = \sqrt{-1}} \tag{10.1}$$

*Imaginäre* Zahlen sind ein Vielfaches der imaginären Einheit. Eine *komplexe* Zahl ist die *Summe* aus einer *reellen* Zahl und einer *imaginären* Zahl. Beispiel: $\underline{Z}_{1,2} = 3,4 \pm j \cdot 5,8$. Eine *komplexe Zahl* wird *unterstrichen*. Eine komplexe Zahl kann in der Gauß'schen Zahlenebene als komplexer Zeiger dargestellt werden. Abb. 10.1 zeigt als Beispiel $\underline{Z} = 2 + 2j$.

Zu jeder komplexen Zahl $\underline{Z}$ gibt es eine *konjugiert komplexe* Zahl $\underline{Z}^*$ mit *entgegengesetztem Vorzeichen des Imaginärteils*. Beispiel: $\underline{Z} = 2 + 2j$ und $\underline{Z}^* = 2 - 2j$.

Es gibt drei unterschiedliche, zueinander gleichwertige Darstellungsformen komplexer Zahlen, die sich jeweils unterschiedlich gut für bestimmte Rechenoperationen eignen.

**1. Komponentenform** (algebraische Form)

Sie ist besonders gut für die Addition und Subtraktion komplexer Zahlen geeignet. Entsprechend den Regeln der geometrischen Addition von Zeigern kann $\underline{Z}$ als Summe der zwei Komponenten $R$ und $jX$ angegeben werden (Abb. 10.1):

$$\underline{Z = R + j \cdot X} \tag{10.2}$$

$R^{[1]}$ ist der Zeiger des Realteils, $jX$ ist der Zeiger des Imaginärteils. Entsprechend heißen $R$ = Realteil und $X$ = Imaginärteil von $\underline{Z}$.

**Abb. 10.1** Eine komplexe Zahl in der Gauß'schen Zahlenebene

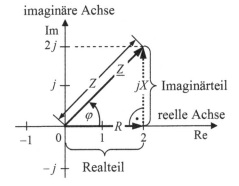

---

[1]$R$ ist kein Widerstand, sondern der Realteil von $\underline{Z}$.

Abkürzungen sind $\mathrm{Re}\{\underline{Z}\}=$ Realteil und $\mathrm{Im}\{\underline{Z}\}=$ Imaginärteil von $\underline{Z}$.
Der **Betrag** (die Zeigerlänge) von $\underline{Z}$ ist (Pythagoras):

$$Z = \left|\underline{Z}\right| = \sqrt{R^2 + X^2} \tag{10.3}$$

Man beachte: *Nicht* **unterstrichene Größe = Betrag der komplexen Zahl.**
Der **Richtungswinkel** $\varphi$ einer komplexen Zahl hängt von ihrer Lage in der komplexen
Ebene ab. Eine komplexe Zahl $\underline{Z} = x + jy$ $(x, y \neq 0)$ liegt
im 1. Quadrant, falls $x, y > 0$,
im 2. Quadrant, falls $x < 0$, $y > 0$,
im 3. Quadrant, falls $x < 0$, $y < 0$,
im 4. Quadrant, falls $x > 0$, $y < 0$.
Je nach Quadrant ist der Winkel $\varphi$[2]:

$$\text{1. Quadrant}: \ \varphi = \arctan\left(\frac{|y|}{|x|}\right), \tag{10.4}$$

$$\text{2. Quadrant}: \ \varphi = \pi - \arctan\left(\frac{|y|}{|x|}\right), \tag{10.5}$$

$$\text{3. Quadrant}: \ \varphi = \pi + \arctan\left(\frac{|y|}{|x|}\right), \tag{10.6}$$

$$\text{4. Quadrant}: \ \varphi = -\arctan\left(\frac{|y|}{|x|}\right). \tag{10.7}$$

Sonderfälle:

$$x > 0, \ y = 0: \ \varphi = 0,$$

$$x = 0, \ y > 0: \ \varphi = \pi/2 \ (90°),$$

$$x < 0, \ y = 0: \ \varphi = \pi \ (180°),$$

$$x = 0, \ y < 0: \ \varphi = -\pi/2 \ (-90°).$$

---

[2]Hier wird in der Literatur häufig auf auf die erweiterte Arcus-Tangens-Funktion Funktion „atan2 (y,x)" verwiesen. Diese Funktion ist in vielen Programmiersprachen realisiert, aber nicht auf allen Taschenrechnern.

Die Schreibweise $\varphi = \angle\underline{Z}$ ordnet der komplexen Zahl $\underline{Z}$ den Winkel $\varphi$ zu.

**2. Trigonometrische Form**

$$\underline{Z} = Z \cdot \left[\cos(\varphi) + j \cdot \sin(\varphi)\right] \tag{10.8}$$

Mit $R = Z \cdot \cos(\varphi) =$ Realteil, $X = Z \cdot \sin(\varphi) =$ Imaginärteil

Die trigonometrische Form ist eine zweite, gleichwertige Darstellung einer komplexen Zahl. In der Elektrotechnik wird kaum mit ihr gerechnet. Häufig verwendet wird sie zur Umwandlung einer gegebenen Exponentialform oder einer sinusförmigen Zeitfunktion in die Komponentenform.

**3. Exponentialform**

Eine dritte, gleichwertige Darstellung einer komplexen Zahl ist die Exponentialform.

$$\underline{Z} = Z \cdot e^{j\,\varphi} \tag{10.9}$$

„e" ist die Euler'sche Zahl 2,718..., $Z$ ist der Betrag der komplexen Zahl und $\varphi$ ist der Richtungswinkel von $\underline{Z}$. Statt durch Real- und Imaginärteil kann eine komplexe Zahl also auch durch ihren Betrag und ihren Winkel definiert werden. Dies entspricht der Angabe von Polarkoordinaten. Die Exponentialform eignet sich besonders gut für die *Multiplikation* und *Division* komplexer Zahlen.

### 10.1.2 Rechenregeln für imaginäre Zahlen

Für imaginäre Zahlen ist die wichtigste Regel:

$$j^2 = \sqrt{-1} \cdot \sqrt{-1} = -1 \tag{10.10}$$

Es gelten das Kommutativ-, das Assoziativ- und das Distributivgesetz.

Beispiele: $ja \pm jb = j(a \pm b)$; $ja \cdot jb = -ab$; $ja/jb = a/b$; $|\pm ja| = a$.

### 10.1.3 Rechenregeln für komplexe Zahlen

Die wichtigsten Rechenregeln für komplexe Zahlen werden hier in einer Art Formelsammlung zusammengestellt.

**Komponentenform**

**Addition, Subtraktion**

$$\underline{Z}_1 + \underline{Z}_2 = (R_1 + jX_1) + (R_2 + jX_2) = R_1 + R_2 + j(X_1 + X_2) \tag{10.11}$$

$$\underline{Z}_1 + \underline{Z}_1^* = (R_1 + jX_1) + (R_1 - jX_1) = 2R_1 \tag{10.12}$$

$$\underline{Z}_1 - \underline{Z}_2 = (R_1 + jX_1) - (R_2 + jX_2) = R_1 - R_2 + j(X_1 - X_2) \tag{10.13}$$

$$\underline{Z}_1 - \underline{Z}_1^* = (R_1 + jX_1) - (R_1 - jX_1) = j2X_1 \tag{10.14}$$

**Multiplikation**

$$\underline{Z}_1 \cdot \underline{Z}_2 = (R_1 + jX_1)(R_2 + jX_2) = R_1R_2 - X_1X_2 + j \cdot (R_1X_2 + R_2X_1) \tag{10.15}$$

$$\underline{Z}_1 \cdot \underline{Z}_2 = (R_1 - jX_1)(R_2 - jX_2) = R_1R_2 - X_1X_2 - j \cdot (R_1X_2 + R_2X_1) \tag{10.16}$$

$$\underline{Z}_1 \cdot \underline{Z}_2 = (R_1 - jX_1)(R_2 + jX_2) = R_1R_2 + X_1X_2 + j \cdot (R_1X_2 - R_2X_1) \tag{10.17}$$

$$\underline{Z}_1 \cdot \underline{Z}_1^* = (R_1 + jX_1)(R_1 - jX_1) = R_1^2 + X_1^2 \tag{10.18}$$

**Division**

$$\underline{Z} = \frac{R_1 + jX_1}{R_2 + jX_2} \tag{10.19}$$

Zerlegung in Real- und Imaginärteil: Zähler und Nenner mit konjugiert komplexen Wert des Nenners multiplizieren. Dies wird oft in Prüfungen benötigt!

$$\underline{Z} = \frac{R_1 + jX_1}{R_2 + jX_2} \cdot \frac{R_2 - jX_2}{R_2 - jX_2} = \frac{R_1R_2 - jR_1X_2 + jR_2X_1 + X_1X_2}{R_2^2 - jR_2X_2 + jR_2X_2 + X_2^2} = \underbrace{\frac{R_1R_2 + X_1X_2}{R_2^2 + X_2^2}}_{\text{Realteil}} + j \cdot \underbrace{\frac{R_2X_1 - R_1X_2}{R_2^2 + X_2^2}}_{\text{Imaginärteil}} \tag{10.20}$$

**Exponentialform**

**Multiplikation**

$$\underline{Z}_1 = |\underline{Z}_1| \cdot e^{j\varphi_1}; \ \underline{Z}_2 = |\underline{Z}_2| \cdot e^{j\varphi_2}$$

$$\underline{Z}_1 \cdot \underline{Z}_2 = Z_1 \cdot Z_2 \cdot e^{j(\varphi_1 + \varphi_2)} \tag{10.21}$$

**Division**

$$\frac{\underline{Z}_1}{\underline{Z}_2} = \frac{Z_1}{Z_2} \cdot e^{j(\varphi_1 - \varphi_2)} \tag{10.22}$$

**Potenzieren**

$$(\underline{Z})^n = Z^n \cdot e^{jn\varphi} \tag{10.23}$$

**Kehrwert**

$$\frac{1}{\underline{Z}} = \frac{1}{Z \cdot e^{j\varphi}} = \frac{1}{Z} \cdot e^{-j\varphi} \tag{10.24}$$

**Trigonometrische Form**

**Multiplikation**

$$\underline{Z}_1 = Z_1 \cdot (\cos\varphi_1 + j \cdot \sin\varphi_1); \quad \underline{Z}_2 = Z_2 \cdot (\cos\varphi_2 + j \cdot \sin\varphi_2)$$

$$\underline{Z}_1 \cdot \underline{Z}_2 = Z_1 \cdot Z_2 \cdot \left[\cos(\varphi_1 + \varphi_2) + j \cdot \sin(\varphi_1 + \varphi_2)\right] \tag{10.25}$$

**Division**

$$\frac{\underline{Z}_1}{\underline{Z}_2} = \frac{Z_1}{Z_2}\left[\cos(\varphi_1 - \varphi_2) + j \cdot \sin(\varphi_1 - \varphi_2)\right] \tag{10.26}$$

**Potenzieren**

$$(\underline{Z})^n = Z^n \cdot \left[\cos(n \cdot \varphi) + j \cdot \sin(n \cdot \varphi)\right] \tag{10.27}$$

## 10.1.4  Wichtige Formeln

**Euler'sche Formel**
zur Umwandlung der Komponentenform in die Exponentialform und umgekehrt.

$$\underline{\cos(\varphi) + j \cdot \sin(\varphi) = e^{j\varphi}} \tag{10.28}$$

**Betrag eines Bruches aus komplexen Zahlen**
Gegeben ist der komplexe Bruch $\underline{Z} = \frac{\underline{Z}_1}{\underline{Z}_2}$. Gesucht ist der Betrag $Z$.

Eine Möglichkeit wäre, den komplexen Bruch konjugiert komplex zu erweitern wie in Gl. (10.20). Real- und Imaginärteil müssen getrennt und dann der Betrag nach Gl. (10.3) ermittelt werden. Viel schneller ist die folgende Vorgehensweise, bei der die Beträge von Zähler und Nenner einzeln gebildet werden.

$$\underline{Z} = \left| \frac{\underline{Z}_1}{\underline{Z}_2} \right| = \frac{\underline{Z}_1}{\underline{Z}_2} \tag{10.29}$$

Dabei sind mehrere Faktoren in Zähler und Nenner möglich.

$$\underline{Z} = \frac{\underline{Z}_{1Z} \cdot \underline{Z}_{2Z} \cdot \ldots \cdot \underline{Z}_{nZ}}{\underline{Z}_{1N} \cdot \underline{Z}_{2N} \cdot \ldots \cdot \underline{Z}_{nN}} \tag{10.30}$$

**Winkel eines Bruches aus komplexen Zahlen**
Gegeben ist $\underline{Z} = \frac{\underline{Z}_1}{\underline{Z}_2}$. Gesucht ist der Winkel von $\underline{Z}$.

$$\angle \underline{Z} = \angle \left( \frac{\underline{Z}_1}{\underline{Z}_2} \right) = \angle \underline{Z}_1 - \angle \underline{Z}_2 \tag{10.31}$$

Die Winkel von Zähler und Nenner werden subtrahiert.

Dies wird oft zur *Bestimmung des Nullphasenwinkels eines Stromes* angewandt. Das *komplexe ohmsche Gesetz* ist:

$$\underline{I} = \frac{\underline{U}}{\underline{Z}} \tag{10.32}$$

Durch Anwenden von Gl. (10.31) folgt:

$$\angle \underline{I} = \angle \underline{U} - \angle \underline{Z} \text{ mit } \angle \underline{I} = \varphi_i \tag{10.33}$$

Oft ist $\angle \underline{U} = 0$ und $\angle \underline{Z}$ ist der Winkel des komplexen Widerstandes, an dem $\underline{U}$ anliegt. Mit Gl. (10.33) kann das Ergebnis eines im komplexen Bereich berechneten Stromes zurück in den Zeitbereich transformiert und sein zeitlicher Verlauf $i(t) = \hat{I} \cdot \sin(\omega t + \varphi_i)$ angegeben werden.

**Winkel eines Produktes aus komplexen Zahlen**
Gegeben ist $\underline{Z} = \underline{Z}_1 \cdot \underline{Z}_2$. Gesucht ist der Winkel von $\underline{Z}$.

$$\angle \underline{Z} = \angle(\underline{Z}_1 \cdot \underline{Z}_2) = \angle \underline{Z}_1 + \angle \underline{Z}_2 \tag{10.34}$$

Die Winkel der Faktoren werden addiert.

## 10.2   Sinusgrößen in komplexer Darstellung

Spannungen, Ströme und Widerstände können als komplexe Größen dargestellt werden.
Ein Beispiel für eine Spannung ist:

$$\underline{u}(t) = \underbrace{\hat{U} \cdot \cos{(\omega t + \varphi)}}_{\text{Re}\{\underline{u}(t)\}} + j \cdot \underbrace{\hat{U} \cdot \sin{(\omega t + \varphi)}}_{\text{Im}\{\underline{u}(t)\}} \tag{10.35}$$

Gl. (10.35) ist ein Drehzeiger in der komplexen Ebene mit der Länge $\hat{U}$, der mit der
Winkelgeschwindigkeit $\omega$ rotiert. Er gibt einen komplexen Momentanwert einer komplexen Zeitfunktion $\underline{u}(t)$ an, die nur eine rein gedachte, in der Realität nicht existierende und
deshalb nicht messbare Größe ist. Wir arbeiten unter Zuhilfenahme dieser *symbolischen
Methode* mit *komplexen Operatoren*. Die Komponentenform von Gl. (10.35) kann mithilfe der Euler'schen Formel in der Exponentialform dargestellt werden.

$$\underline{u}(t) = \hat{U} \cdot e^{j\,(\omega t + \varphi)} \tag{10.36}$$

Gl. (10.36) wird mithilfe des Potenzgesetzes $x^{a+b} = x^a \cdot x^b$ in zwei Faktoren zerlegt.

$$\underline{u}(t) = \hat{U} \cdot e^{j\varphi} \cdot e^{j\omega t} = \underline{\hat{U}} \cdot e^{j\omega t} \tag{10.37}$$

Der Ausdruck $\underline{\hat{U}} = \hat{U} e^{j\varphi}$ ist die so genannte **komplexe Amplitude.** Es ist ein *ruhender
Scheitelwertzeiger* (ein *Festzeiger*), in dem die *zeitunabhängigen* Größen der Sinus-
schwingung enthalten sind. Der Faktor $e^{j\omega t}$ in Gl. (10.37) wird **Drehfaktor** (*Zeitfaktor*)
genannt. Dieser *rotierende Einheitszeiger* dreht die komplexe Amplitude mit der Kreisfrequenz $\omega$ im Kreis herum.

Der komplexe **Effektivwertzeiger** ist für eine Sinusspannung um den Faktor $1\big/\sqrt{2}$
kürzer als als der komplexe Scheitelwertzeiger. Entsprechend der Definition der Sinusschwingung ist ein *Effektivwertzeiger immer* ein *Festzeiger*. Sind Momentanwerte nicht
von Interesse, so werden Effektivwertzeiger verwendet.

$$\underline{U} = \frac{\hat{U}}{\sqrt{2}} \cdot e^{j\varphi} \tag{10.38}$$

Beispiele für die Transformation von Sinusschwingungen, die im Zeitbereich gegeben
sind, in den komplexen Bereich:

a) $u(t) = 5\,V \cdot \sqrt{2} \cdot \sin{(\omega t + 20°)} \Rightarrow \underline{U} = 5\,V \cdot e^{j20°}$
b) $u(t) = 20\,V \cdot \sin{(\omega t)} \Rightarrow \underline{U} = \frac{20\,V}{\sqrt{2}} \cdot e^{j0}$ *oder* $U = \frac{20\,V}{\sqrt{2}}, \; \varphi_u = 0.$

## 10.3   Komplexe Widerstände

Bei Gleichstrom gilt für den ohmschen (reellen) Widerstand das ohmsche Gesetz:

$$R = \frac{U}{I} \tag{10.39}$$

Mit den komplexen Effektivwerten von Wechselspannung und -strom $\underline{U} = U \cdot e^{j\varphi_u}$ und $\underline{I} = I \cdot e^{j\varphi_i}$ erhält man analog zur Definition im Gleichstromkreis den *komplexen Widerstand* (die **Impedanz**) eines Zweipols:

$$\underline{Z} = \frac{\underline{U}}{\underline{I}} \tag{10.40}$$

Gl. (10.40) ist das **komplexe ohmsche Gesetz**. Einsetzen ergibt:

$$\underline{Z} = \frac{\underline{U}}{\underline{I}} = \frac{U \cdot e^{j\varphi_u}}{I \cdot e^{j\varphi_i}} = Z \cdot e^{j \cdot (\varphi_u - \varphi_i)} = Z \cdot e^{j \cdot \varphi} = Z \cdot \cos(\varphi) + j \cdot Z \cdot \sin(\varphi) = R + j \cdot X \tag{10.41}$$

Dieser komplexe Wechselstromwiderstand lässt sich wie jede komplexe Größe in drei zueinander gleichwertigen Formen darstellen.

*Komponentenform*

$$\underline{Z} = R + j \cdot X; \; [R] = [X] = \Omega \tag{10.42}$$

*Trigonometrische Form*

$$\underline{Z} = Z \cdot \left[ \cos(\varphi) + j \cdot \sin(\varphi) \right] \tag{10.43}$$

*Exponentialform*

$$\underline{Z} = Z \cdot e^{j\varphi} \tag{10.44}$$

Der Betrag $\left| \underline{Z} \right| = Z$ der Impedanz $\underline{Z}$ heißt **Scheinwiderstand**.

$$Z = \frac{U}{I} = \sqrt{R^2 + X^2}; \; [Z] = \Omega \tag{10.45}$$

Wie jede komplexe Zahl hat ein komplexer Widerstand nicht nur einen Betrag in Ohm, sondern auch einen Phasenwinkel in rad oder in Winkelgrad. Nach Gl. (10.41) folgt der wichtige Satz:

**Der Phasenwinkel $\varphi_Z$ des komplexen Widerstandes entspricht nach Vorzeichen und Betrag der Phasenverschiebung zwischen Spannung und Strom am Widerstand.**

$$\underline{\varphi = \varphi_Z = \varphi_{ui} = \varphi_u - \varphi_i} \tag{10.46}$$

Wie im reellen Bereich gibt es natürlich auch im komplexen Bereich den Kehrwert des komplexen Widerstandes, die **Admittanz**. Sie kann ebenfalls in den drei zueinander gleichwertigen Formen angegeben werden.

### 10.3.1 Komplexer Widerstand des ohmschen Widerstandes

Der komplexe Widerstand $\underline{Z}_R = R + j \cdot X_R$ eines ohmschen Widerstandes besteht nur aus dem Realteil, der rein reellen Komponente des Wirkwiderstandes $R$.

$$\underline{Z}_R = R \tag{10.47}$$

Der Blindwiderstand ist somit $X_R = 0$ und der Scheinwiderstand ist $Z_R = R$.

Da ein ohmscher Widerstand keine Energie speichert (wie ein Kondensator und eine Spule), gibt es auch keine Phasenverschiebung zwischen Spannung und Strom. Der Phasenwinkel des komplexen ohmschen Widerstandes ist null. Das Zeigerbild zeigt Abb. 10.2.

$$\varphi_R = 0 \tag{10.48}$$

### 10.3.2 Komplexer Widerstand der Induktivität

Ohne Herleitung wird der komplexe Widerstand einer Spule angegeben.

$$\underline{Z}_L = j\omega L \tag{10.49}$$

Der komplexe Widerstand $\underline{Z}_L = R + j \cdot X_L$ einer *idealen* Induktivität ist rein imaginär, er besteht nur aus dem Imaginärteil, dem induktiven Blindwiderstand $X_L$. Der Wirkwiderstand ist $R = 0\,\Omega$. Der Scheinwiderstand $Z_L$ ist gleich dem Blindwiderstand $X_L$:

$$Z_L = X_L = \omega L; \ [X_L] = \Omega \tag{10.50}$$

Der Phasenwinkel des komplexen induktiven Widerstandes ist:

$$\varphi_L = \pi / 2 \, (90°) \tag{10.51}$$

Der Strom eilt der Spannung um 90° nach (Abb. 10.3).

**Abb. 10.2**  Zeigerbild des komplexen ohmschen Widerstandes

**Abb. 10.3**  Zeigerbild des komplexen induktiven Widerstandes

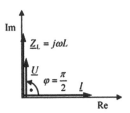

**Abb. 10.4** Zeigerbild des komplexen kapazitiven Widerstandes

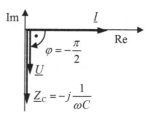

### 10.3.3 Komplexer Widerstand der Kapazität

Ebenfalls ohne Herleitung wird der komplexe Widerstand eines Kondensators angegeben.

$$\underline{Z}_C = \frac{1}{j\omega C} \qquad (10.52)$$

Gl. (10.52) kann durch erweitern mit $j$ umgeformt werden in $\underline{Z}_C = -j\frac{1}{\omega C}$. Der Autor warnt davor mit dieser Form des komplexen Widerstandes eines Kondensators zu rechnen. In ca. 80 % der Klausuren ergab dies fehlerhafte Ergebnisse.

Der komplexe Widerstand $\underline{Z}_C = R + j \cdot X_C$ eines *idealen* Kondensators ist rein imaginär, er besteht nur aus dem Imaginärteil, dem induktiven Blindwiderstand $X_C$. Der Wirkwiderstand ist $R = 0\ \Omega$. Der Scheinwiderstand $Z_C$ ist gleich dem Blindwiderstand $X_C$:

$$\left( \underline{Z}_C = X_C = \frac{1}{\omega C}; \ [X_C] = \Omega \right) \qquad (10.53)$$

Der Phasenwinkel des komplexen kapazitiven Widerstandes ist:

$$\varphi_C = -\pi / 2 \, (-90°) \qquad (10.54)$$

Der Strom eilt der Spannung um 90° voraus (Abb. 10.4).

## 10.4 Wechselstromleistung aus komplexen Größen

Der Begriff der Leistung wurde bereits in Abschn. 3.9 behandelt. Hier wird besonders die Leistungsberechnung aus den komplexen Größen $\underline{U}$, $\underline{I}$ und $\underline{Z}$ besprochen.

Die komplexe Darstellung von elektrischen Größen wie Spannung, Strom und Widerstand ist besonders vorteilhaft, um bei Netzwerkberechnungen das Lösen von Differenzialgleichungen zu vermeiden. Die komplexe Darstellung wird deshalb auch auf Leistungsgrößen übertragen.

Die komplexe Scheinleistung ist (siehe auch Gl. (3.101):

$$\underline{S} = \underline{U} \cdot \underline{I}^* = U \cdot I \cdot e^{j\varphi} \tag{10.55}$$

Daraus erhalten wir:

1. die Wirkleistung

$$P = \text{Re}\left\{\underline{S}\right\} = U \cdot I \cdot \cos(\varphi) \tag{10.56}$$

2. die Blindleistung

$$Q = \text{Im}\left\{\underline{S}\right\} = U \cdot I \cdot \sin(\varphi) \tag{10.57}$$

3. die Scheinleistung

$$S = \left|\underline{S}\right| = U \cdot I. \tag{10.58}$$

# Weiterführende Literatur

1. Bieneck, W.: Elektro T Grundlagen der Elektrotechnik. Holland + Josenhans Verlag, Stuttgart (1996)
2. Bock, W.: Grundlagen der Elektrotechnik und Elektronik (GEE), Aktualisierung 18.09.2018, Internes Skriptum der Fakultät Maschinenbau der Ostbayerischen Technischen Hochschule Regensburg
3. Born, G., Hübscher, H., Lochhaas, H., Pradel, G., Vorwerk, B.: Querschnitt Physik und Technik. Westermann Verlag, Braunschweig (1983)
4. Bosse, G.: Grundlagen der Elektrotechnik I, II, III, Bibliographisches Institut, Mannheim (1968) (Erstveröffentlichung 1966, 1967)
5. Dokter, F., Steinhauer, J.: Digitale Elektronik in der Meßtechnik und Datenverarbeitung, Bd. 1, 4. Aufl. Philips Fachbücher, Hamburg (1972)
6. Dorn: Physik, Mittelstufe, Ausgabe A, 8. Aufl. Hermann Schroedel Verlag, Hannover (1957)
7. Duyan, H., Hahnloser, G., Traeger, D.: PSPICE für Windows, 2. Aufl. Teubner Studienskripten, Stuttgart (1996)
8. Elektromeßtechnik, 5. Aufl. Siemens AG, Berlin (1968)
9. Graf, W., Küllmer, H.: Grundlagen der Schwachstromtechnik, 5. Aufl. Fachverlag Schiele & Schön GmbH, Berlin (1964)
10. Hagmann, G.: Grundlagen der Elektrotechnik, 3. Aufl. AULA-Verlag GmbH, Wiesbaden (1990)
11. Hammer, A.: Physik, Oberstufe Elektrizitätslehre, 1. Aufl. Oldenbourg, München (1966)
12. Herter, E., Röcker, W.: Nachrichtentechnik, Übertragung und Verarbeitung, 1. Aufl. Hanser, Wien (1976)
13. Höfling, O.: Lehrbuch der Physik, Oberstufe Ausgabe A, 5. Aufl. Ferdinand Dümmlers Verlag, Bonn (1962)
14. Kuchling, H.: Taschenbuch der Physik, 16. Aufl. Hanser, München (1996)
15. Küpfmüller, K.: Einführung in die theoretische Elektrotechnik, 9. Aufl. Springer, Berlin (1968)
16. Lehmann, E., Schmidt, F.: FOS Training Physik 2, 3. Aufl. Stark Verlagsgesellschaft mbH, Freising (1993)
17. Lowenberg, C.E.: Theory and Problems of Electronic Circuits. Mc. Graw-Hill, New York (1967)
18. Ludwig, W., Goetze, F.: Lehrbuch der Chemie. Anorganische Chemie, 1. Bd. 11. Aufl. Buchners, Bamberg (1966)
19. Maier, G., Zimmer, O.: Grundstufe der Elektrotechnik. Kohl + Noltemeyer Verlag und Frankfurter Fachverlag, Dossenheim (1989)

© Springer Fachmedien Wiesbaden GmbH, ein Teil von Springer Nature 2021
L. Stiny, *Schnelleinführung Elektrotechnik,* https://doi.org/10.1007/978-3-658-28967-6

20. Nührmann, D.: Das große Werkbuch Elektronik, Bd. 1 bis 3, 6. Aufl. Franzis-Verlag GmbH, Poing (1994)
21. Philippow, E.: Taschenbuch Elektrotechnik. Nachrichtentechnik, Bd. 3, 2. Aufl. VEB Verlag Technik, Berlin (1969)
22. Philips Lehrbriefe: Elektrotechnik und Elektronik. Einführung und Grundlagen, 1. Bd, 11. Aufl. Dr. Alfred Hüthig Verlag, Heidelberg (1987)
23. Pregla, R.: Grundlagen der Elektrotechnik, 5. Aufl. Hüthig Verlag, Heidelberg (1998)
24. Schüssler, H.W.: Netzwerke und Systeme I. Bibliographisches Institut, Mannheim (1971)
25. Schwab, E.: Vorlesungsscript Elektrotechnik, Rev. 3/2001, Fachhochschule Südwestfalen, Fachbereich Maschinenbau (2001)
26. Sexl, R., Raab, I., Streeruwitz, E.: Der Weg zur modernen Physik, Eine Einführung in die Physik, Bd. 2. Verlag Moritz Diesterweg, Frankfurt a. M. (1980)
27. Steinbuch, K., Rupprecht, W.: Nachrichtentechnik. Springer, Berlin (1967)
28. Stiny, L.: Grundwissen Elektrotechnik und Elektronik, Eine leicht verständliche Einführung, 7. Aufl. Springer Vieweg, Wiesbaden (2018)
29. Stiny, L.: Aufgabensammlung zur Elektrotechnik und Elektronik, Übungsaufgaben mit ausführlichen Musterlösungen, 3. Aufl. Springer Vieweg, Wiesbaden (2017)
30. Stiny, L.: Aktive elektronische Bauelemente, Aufbau, Struktur, Wirkungsweise, Eigenschaften und praktischer Einsatz diskreter und integrierter Halbleiter-Bauteile, 4. Aufl. Springer Vieweg, Wiesbaden (2019)
31. Stiny, L.: Passive elektronische Bauelemente, Aufbau, Funktion, Eigenschaften, Dimensionierung und Anwendung, 3. Aufl. Springer Vieweg, Wiesbaden (2019)
32. Stiny, L.: Elektrotechnik für Studierende. Grundlagen, Bd. 1. Christiani-Verlag, Konstanz (2012)
33. Stiny, L.: Elektrotechnik für Studierende. Gleichstrom, 2. Bd. Christiani-Verlag, Konstanz (2012)
34. Stiny, L.: Elektrotechnik für Studierende. Wechselstrom 1, 3. Bd. Christiani-Verlag, Konstanz (2014a)
35. Stiny, L.: Elektrotechnik für Studierende. Wechselstrom 2, 4. Bd. Christiani-Verlag, Konstanz (2014b)
36. Surina, T., Klasche G.: Angewandte Impulstechnik. Franzis Verlag, München (1974)
37. Tietze, U., Schenk, C.: Halbleiter-Schaltungstechnik, 2. Aufl. Springer, Berlin (1971)
38. Unbehauen, R.: Grundlagenpraktikum in Elektotechnik und Meßtechnik. Universität Erlangen-Nürnberg, März (1971)
39. Vahldiek, H.: Übertragungsfunktionen. Oldenbourg, München (1973)
40. Wolf, H.: Lineare Systeme und Netzwerke, Eine Einführung. Springer, Berlin (1971)

# Stichwortverzeichnis

© Springer Fachmedien Wiesbaden GmbH, ein Teil von Springer Nature 2021
L. Stiny, *Schnelleinführung Elektrotechnik*, https://doi.org/10.1007/978-3-658-28967-6

Printed in the United States
By Bookmasters